3・12の思想

矢部史郎

3・12の思想　目次

Ⅲ 3・12の思想

3・12の思想

カバー写真：森住卓

はじめに

二〇一一年三月一二日、私は娘を連れて、東京をあとにしました。

前日の三月一一日、東日本大震災——津波の恐るべき被害が徐々に明らかになっていくなか、夕方のNHKのニュースで「福島第一原発が電源を失い冷却機能を喪失した」と報道されます。

この報道に接して、私は、これはまずいことになるな、と思いました。おそらく原子炉容器は破壊されるだろう、と。そこでまず近所の薬局に行きました。安定ヨウ素剤が必要だと考えたのです。しかしまったく不勉強だったんですが、薬局では安定ヨウ素剤というものは売っていないんですね。しかたがないので、うがい薬のイソジンで代用することにしました。それから私は一晩考えて、翌朝、愛知県の実家に娘を避難させることにしました。

私は放射性物質の放出を予想し、一二日の午前の段階で東京からの退避を決めました。ただ正直に言うと、私はもう少し軽い事故になるだろうと思っていたのです。二〇〇七年に中越沖地震が起きたとき、東京電力・柏崎刈羽原子力発電所は火災を起こしました。あのときのような状態になるのではないかと予想したのです。福島第一原発は一日か数日か一時的に放射性物質を放出し、東京にも多少の放射性ヨウ素が到達するだろう、と。

もちろん、多少とはいえ放射性ヨウ素を子供に浴びさせてしまうわけにはいかないので、娘だけ一時的に避難させることにしたのです。朝、電車はダイヤが乱れて遅れていましたが、なんとか昼前に東京駅にたどりつきました。東京から名古屋までは新幹線が順調に動いていました。

昼過ぎには名古屋駅に到着して、実家の母親に娘を預けて、そうして私は東京に戻るつもりだったのです。ところが、私が東京に戻ろうとすると娘がむずがるわけです。心細かったんでしょうね。前日の地震のショックもあったので、一人で残されるのは嫌だったんでしょう。そういうわけでちょっと時間をかけて娘に事情を話して、諭しているときに、テレビ画面のなかで原発が爆発したんです。

一二日の午後です。もう、声も出ないほど驚きました。建屋が爆発したんです。建屋というのは、国や電力会社が言ってきた「五重の壁」の最後の壁です。どんな深刻な事故が起きても最後は厚いコンクリートの壁で閉じ込めるんだと言ってきた、その最後の壁が、木っ端みじんに吹き飛んでしまった。こうなると、放出なんていうレベルではない。終わったな、と思いました。

この一連の出来事を人々は「三・一一」という日付で呼んでいます。そうなんです。いろんな出来事が、ほんの一日のあいだに、怒涛のように押し寄せてきた日です。あの日自分がどこにいて、何時にどこに行って、何を考え、誰と何を話し合ったかということを、いまでも詳細におぼえています。そのときに受けた衝撃や、その日の判断が、自分の人生にとって非常に重要な転機になった。そういう決定的な日です。

しかし、どうなんでしょうか。ここで、巨大地震から放射能拡散まですべてをまとめて「三・一一」と呼んでしまって、それでよいのでしょうか。ここに私はなにか乱暴なものを感じてもいます。一口に「三・一一」というだけではすまないのではないか。「三・一一」と言ってしまったときに、何か大事なものをとりこぼしてしまうのではないか。もう少していねいに、じっくりと考えようじゃないか、と。

放射能を拡散させた東京電力は、なにからなにまで津波のせいにするかもしれません。しかしそれは火事場泥棒というものであって、本当は、問題となる事柄をもっと厳密に、慎重に、きりわけていかなくてはならないのです。私たちを悩ませている諸問題を、どこからどこまでを、問題として把握していくのか。問題をどのようなものとして捉えていくのか。そうした議論のベースとなる見取り図を、正確に捉えておきたい。

そう考えるなかで、あるとき「三・一一」という日付が頭に浮かんだのです。私たちにとって本当に決定的であったのは、三月一二日なのではないか、と。

今回私が話すのは、「三・一一」ではない、「三・一二」の話をしようと思います。

Ⅰ　はじまりとしての3・12

「三・一二」公害事件

二〇一一年の「三・一一」は、巨大地震と巨大津波災害として記憶されるでしょう。これは国や自治体の防災対策に深刻な反省を迫るものです。これまでの防災概念、防災利権、防災政治が、人間の理解を超える「神的暴力」によって圧倒されたのです。

災害時に備えて消防や自衛隊の訓練をするという、しかし、はじめの一時間の間に自衛隊の航空基地が津波に呑まれ機能不全に陥ってしまった。あるいは、防災コンサルタントに委託して地域の避難計画をまとめるという、しかし、避難計画に忠実に従った人々が津波に呑まれ、避難計画に従わなかった人々が一命をとりとめた。悲しいほど滑稽な事実が報告されています。防災無線が壊れて役にたたなかった。消防車が流されてしまった。指揮系統を統括すべき役所がまるごと流されてしまった。災害にはそういうことがあるのです。

まったく反対の事実もあります。東京都はこの三〇年間ずっと、「防災」の名目で都市再開発を進めてきたわけですが、災害に弱く危険な地帯と名指しされてきた地域、環状七号線に沿った「スプロール地帯」はどうなったか。消防車の入れない木造住宅の街並みは、今回の地震ですっかり燃えてしまったでしょうか。そうではない。

実際、地震に対して脆弱であったのは、もっとも「安全」とされてきた原子力発電所だったんです。これは痛烈な教訓になるでしょう。東京都は東京電力の大株主ですから、そうした意味でも責任が問われてくる。災害の現場で防災計画がどれだけ役割を果たし、どれだけ的外れだったか。つまるところ「防災」という概念はなんなのかということが、今後検証されていくことになるでしょう。

今回私が話したいと思っているのは「三・一一」の自然災害でありません。その翌日「三・一二」から始まる放射能公害事件です。大地震、大津波、原発爆発、放射能拡散という一連の出来事を、人々は「三・一一」という日付で呼んでいるわけですが、私は問題をよりはっきりと腑分けするために、「三・一一」ではなく「三・一二」について話したいと思います。「三・一二」事件はいまも終わっていないし、われわれが死んだ後もずっと継続し続ける問題だからです。

まずはっきりとわけておきたいと思うんです。いまわれわれの認識を混乱させ、膠着させているものは、なんなのか。「三・一一」自然災害なのか、「三・一一」公害事件なのか。

自然災害は固有で一回的な性格をもっています。それは人間にはとうてい太刀打ちできない暴力性をもつ一方で、人間はこの暴力に拘束されない。自然の一撃をうけて人間は悲惨のどんぞこに叩きこまれるのだけれど、それでも人間はいつかこの悲惨を克服し、忘却することができるのです。「神の暴力」は人間を打ちのめし、同時に、解放するのです。

ところが放射能は違う。これは固有でも一回的でもない、ありふれた忌まわしい公害の再現です。放射能は人間を解放しません。これは相当の長期間にわたって人間を拘束し、何度でも繰り返しあらわれるのです。「三・一一」について、人々は毎年その日付に集まり、黙とうをささげることができるでしょう。そうして何年か何十年かの時間をかけて、昔ここで多くの人が亡くなった、と振り返ることができるようになるでしょう。

では「三・一一」はどうか。これはおそらく三〇〇年間は終わらせることのできない問題です。もしも放射性物質をのこらず回収する画期的な技術が開発されれば、この時間はいくらか短縮できるかもしれませんが。いずれにしろ、「三・一一」はこれから始まるのです。これから地獄のような日々が始まる。

このことを示すには、広島の例がわかりやすいかもしれません。毎年八月六日に平和祈念式典がおこなわれます。多くの国民はこれを、戦争の終結、第二次世界大戦の終わりと結び付けて考えるでしょう。

しかし被曝者にとってはそうではありません。八月六日は、それに続く地獄の日々の始まりです。第二次大戦の終結は、同時に冷戦・核戦争時代の幕開けであり、被曝被害の隠ぺいの始まりであり、被爆者たちが不安と絶望とともにさまよった見えない戦争の起点なのです。「三・一一」と原爆投下を並べるのは適当ではないかもしれませんが、いま私たちが浴びている放射性物質の量は、原爆をはるかに超えるものなのです。広島・長崎を凌駕する規模の、難渋な日々が始まったのです。

「三・一一」の放射能拡散事件は、「三・一一」の自然災害とは本質的に無縁です。それはたまたま大地震と重なっただけであって、もっと小規模な地震でも、もっと目につかないヒューマンエラーでも、放射性物質の拡散は起きる。そしてひとたび大量拡散をしてしまったら、その原因が何であったかということはまったく意味のない話になるんです。

これまで国と電力会社は「止める・冷やす・閉じ込める」と言ってきた。今回それはできなかった。彼らは責任を回避するために、地震や津波のせいにするでしょう。そして、もっと地震に強い安全な原発にするんだと言う。これはとんでもないごまかしです。

放射性物質が拡散してしまった状況の中で、問題は原発の安全性ではないのです。問題の中心は、拡散した放射性物質をどうやって回収するのかです。なぜいまだに原発の安全性の議論を繰り返しているのか。そんな話は放射性物質をひとつのこらず回収したあとにやればいい。原発の安全性を高めたら、東北・関東に拡散した放射性物質は無害化されるんですか。子どもがイモ掘りをできるようになるんですか。そうじゃない。いまは放射性物質を回収できるかできないか、回収できないならどうするのかということに専心するべきであって、原発の安全性の議論を蒸し返すというのは、まったくごまかしだし、現実逃避だと思います。

問題は政府と電力会社だけではありません。反原発運動、脱原発運動、被災地支援のために働く市民ボランティア、生活協同組合、さまざまな分野で混乱が起きていて、膠着状態に陥っていると思います。問題の根本にあるのは、「三・一一」と「三・一二」という次元の違う問題が、充分に腑分けされていないからです。

もしも「三・一二」事件がなければ、問題はずっとシンプルに考えられたでしょう。阪神大震災以来の市民ボランティア運動は、これまでにない最大の力を発揮して被災地の復興に貢献したでしょう。生協会員はさまざまな工夫をこらして、被災地農家を支えるために働いたでしょう。しかし「三・一二」の放射能公害が事態を複雑にしてしまった。これは従来の災害復旧とは違う。これまでの実践を支えていた論理がすべて反転させられるような事態が起きています。

最大の問題は首都圏です。

「三・一二」事件によって、首都圏という巨大都市は、位置づけが大きく変わりました。もしも「三・一一」だけが問題なのであれば、首都圏の人口と生産力は被災地救援の最大の主体になったでしょう。しかし「三・一二」の放射能公害事件によって、首都圏は救援の主体ではなく対象になってしまった。東北救援どころではない、誰か首都圏を救援してくれということになってしまった。この巨大な人口はあまりにも大きな荷物になっていて、問題解決を遅らせる一因になっています。

たとえば、国は一年近くものあいだ食品流通の暫定基準値を五〇〇ベクレル／kgに据え置いていたわけですが、おそらくこれは福島県の農家のためではない。もしも福島県の農業だけが問題なのであれば、五〇〇ベクレル／kgではなくもっと低い基準値を設定できたはずです。

問題の中心は、関東平野が汚染されてしまったということです。首都圏の巨大な人口とそれを支える関東平野が機能不全に陥るかもしれない、その衝撃を回避するために、暫定基準値は最大のザルの状態にしなければならなかった。問題は首都圏なんです。政府が、そして私たちが、「三・一一」を直視できない理由があるとすれば、それは、首都圏が被災地であるという事実を是認できないからなのです。

今後、放射線による健康被害が表面化する時期がくるでしょうが、そのときに最大の被曝者人口を抱えるのは、千葉・茨城・東京・埼玉・神奈川の首都圏です。母数となる人口の規模がケタ違いですからね。首都圏四〇〇〇万人のうち一四歳未満の人口が一五パーセントだとして、六〇〇万人もの子どもが、セシウムの混ざった公園で遊んでいるわけです。このうちの〇・一パーセントが発症したとして六千人、一パーセントでも六万人が、健康被害を訴えることになる。子どもの人口だけをとっても、とてつもない規模の被害になるんです。

こういうことを言うと、そんな途方もない話はまともに聞いてられないと否定する人もいるでしょう。さあ、どうなるでしょうか。

これは歴史上かつてない規模の人体実験です。人間は放射能と共存できるのか。どれぐらいの濃度なら共存できるのか。放射性セシウムが降り注ぐ環境では、どんな人が病に倒れて、どんな人が元気に生きられるのか。そういう実験です。

私はこんな馬鹿げた実験に付き合いたくないので東京を離れたわけですが、ではそれで問題解決と言えるかというとそうではない。放射能の被害を否認する人たちが首都圏に暮らし続ける。あるいは、首都圏に暮らし続ける人が、放射能を否認し、無関心を装う。

首都圏の巨大な人口が「三・一一」を否認して問題を直視しないのならば、その否認が続くあいだ、爆心地の福島県民は地獄をさまようことになる。土壌検査、避難措置、医療体制、賠償問題、すべてが遅れていきます。関東が平静を装うために、東北と北関東が巻き添えにされていきます。そして「絆」だとか「国民」だとかいう号令をかけて、できもしない「再生」を約束して、被曝被害を拡大させてしまうわけです。

「三・一一」と「三・一二」を分けて考えるべきだというのは、こういうことがあるからです。

放射能拡散という問題を、それ自体として正面から見据えなくてはならない。この問題を「三・一一」の副産物のように扱って、「未曾有の自然災害」という構図のなかに丸めてしまうと、問題は見えなくなってしまう。

「三・一二」はいまも現在進行形で拡大している公害事件です。いま福島第一原発が奇跡的に収束したとしても、拡散した放射性物質は地面に残り続ける。たとえ日本の原発をすべて停止させても、国のエネルギー政策が転換しても、放射能の拡散は終わらない。東北・関東の住民は毎日少しづつ被曝し続ける。

「三・一二」は過去に属しているけれども、「三・一二」はまだなにも終わっていない、始まったばかりです。被害の拡大が現在進行形であることを強く意識するべきです。

「三・一一」を考えるということは、なにも難しいことではありません。これはとてもありふれた公害事件にすぎない。歴史をさかのぼれば、いくつも前例があります。足尾銅山事件で谷中村がどうなったか、チッソ水俣病事件で漁民たちがどうなったか、イタイイタイ病事件で神通川流域の農民がどうなったか、教科書にも載っているような事件です。

放射能公害でいえば、チェルノブイリ事件がどれだけの被害を生み出したかの詳細な報告もある。私たちはこうした歴史に学び参照しながら、「三・一一」にはじまる現在の状況を「東京電力放射能公害事件」と呼べばよい。そうして腹を据えれば、やるべきこと考えるべきことは明確に見えてくるはずです。

原子力国家とはなにか

「三・一一」の原発爆発は、多くの人にとって「寝耳に水」だったのではないでしょうか。私にとってはそうでした。まさか建屋が吹き飛ぶとは思わなかった。私は、もっと穏やかに——建屋が吹き飛ぶといったような目に見えるかたちではなく——、放射性物質が漏れ出すと予想していました。だから、一号機の爆発は、本当に驚きました。こんな映画のようなスペクタクルが、現実にありうるのかと。

三月のあいだ、私は実家に避難していて、そこに東京の友人も呼んで一〇人くらいで避難していたんです。一緒に研究会をやってきた学生とか研究者とかが集まって、大鍋でご飯をつくって合宿しているような状態です。その間、みんなでずっとテレビを見ていました。東京電力の会見や政府の会見をテレビで見ながら、携帯で電話をかけたり、インターネットの情報を見たりしていたんです。

その後の三号機の爆発は特に衝撃でした。本当に息をのむほど驚いた。これは言葉が出ないぐらい衝撃だったんだけれども、このころから、笑うようになりました。破局的な事態に慣れてしまったというわけではないんですが、もう笑うしかないというか、楽しいわけではないのに、笑うようになったんですね。

自衛隊のヘリコプターが水を投下したときは笑ったし、警察の放水車が出動したときはゲラゲラ笑いました。怒りながら笑うということがあるんですね。そうやって笑いながら、私たちは起きている事態をのみこんでいったんです。

「三・一一」以後の経過は、ある意味で予想したとおりのものになりました。国も東京電力も事態を収集する能力がなく、政府は重要な情報を隠し、いたずらに被害を拡大させた。このことに驚いた人は多くないのではないでしょうか。政府の動きをおおむね予測できたのではないでしょうか。

事態がみえてきた四月に、私は実家の近くにアパートを借りて、東京の荷物を引き上げました。住民票を移し、娘の転校手続きも済ませた。それは、東北・関東の汚染地域でこれから何が起きるかということが予測できて、その悪い予想が現実になるだろうという確信があったからです。

福島第一原発はもう手のつけられない状態になっていて、放射性物質の漏出は止まらない。フォールアウトした放射性物質は回収できない。ならば国は「問題ない」と言い続けるだろう。通常の放射線防護対策をネグレクトするだろう、と。

私だけでなく、関東から転居した人は少なくない。その多くは子供を持つ親たちです。彼ら彼女らはみな確信をもっています。確信というのはつまりこういうことです。私たちは当初原子力に関する知識をまったく持ち合わせていなかった、しかし、原子力政策がどういうものであるかは、みな知っていた。教育機関や医療・保険機関がどれほど非人道的な対応に出るか、私たちは手に取るようにわかったのです。

こうした態度は悲観的すぎるでしょうか。

確認しておきたいのは私たちが二〇一一年三月のあいだに経験したことです。「三・一二」以後のはやい段階で政府は放射性物質の大規模拡散を確認していました。関東全域で屋内退避を勧告しヨウ素剤と水を配布すべきときに、政府の関心は電子メールやツイッターなどで交わされる情報を取り締まることだったのです。「チェーンメール」問題です。

私はこのニュースを見たとき最初は何を問題にしているかわかりませんでした。人が何を見てどんな行動をするかは自由です。それが人身に関わる問題ならば、なおさらです。市民が自己防御しなければならない場面で、国はそれに干渉し妨害するような姿勢を見せたわけです。

この一件を見るだけでも、原子力国家というものの性格がわかると思います。そして重大なことは、私たちはこの政府の対応に憤りながら、同時になかば既視感をもって事態を眺めていたということです。ああやっぱり政府はこういうことをするんだなあと、やっぱりね、と感じていたのです。

これは「政府に対する不信」というような生ぬるいものではありません。不信でも誤解でもなく、もっと精確に、原子力国家というものの共通了解がこのときできあがってしまったのです。

おそらく私たちはずっと以前から、漠然と、原子力国家を知っていた。それはいま明確な確信にかわっています。多くの市民団体や小さなグループや個人が、政府の対応を批判し、独自の働きかけをはじめています。彼らが原子力も放射線もなにも知らない素人であったにもかかわらず、状況を誰よりも的確にあらわし、世論を強力に突き動かしているのは、この確信がひろく共有されているからです。私たちはあの三月の経験によって原子力国家というものを思い知り、問題の急所を掴んだのです。

あの日以来、私たちの認識は大きく転換しました。人々は、「原子力発電がどのように管理されているか」ではなく、「原子力発電をもつ国家は、社会をどのように管理するか」ということに関心を向けるようになった。原子力をめぐる「管理」の概念は、分裂し、反転したのです。

東京の未来

東京というのはとても魅力的な都市です。自分たちの文化的な欲求や思想、あるいは政治的な表現をあらわしてしていくときに、東京は圧倒的に有利な都市です。これは分野にもよりますが、文化表現に関わる人間にとって、東京にいなければスタートラインに立つこともできないというシーンがある。

たとえば近年の出来事で言えば、フリーターの労働運動・政治運動というのがあって、これは日本の労働運動を刷新するおおきなムーブメントを起こそうとしているわけですが、こうした社会的政治的表現を可能にしたのも、東京という都市環境があったからです。

同じことを大阪や名古屋や福岡や札幌でやろうとしてもそれはかなり難しい。表現を流通させる力、存在を世間に認知させていくためのある種の対抗権威というものが東京にはあって、そのための頭脳も集まっている。

東京では、団交や争議といった泥臭い「地上戦」だけでなく、メディアを使った言論活動だとか、新しいヴィジュアルイメージの形成だとか、いわば「空中戦」ができるわけです。東京と地方都市との違いは、この「空中戦」をできるかどうかです。そして、東京から発信された表現、言葉や認識にかかわる「空中戦」がなければ、フリーター労働運動がここまで成長することはなかったと思います。

例えばこの本の版元も東京の会社です。東京にはおそろしい数の出版社が集積していて地場産業みたいなものになっているわけですけど、そこで、これまでにない新しい表現が生み出されていく。大学や専門学校も数え切れないほどあって、全国から優秀な頭脳が集まってくる。そういう環境のなかで、東京は、学術と文化、政治表現の巨大な工房になっていた。

だから東京を離れるわけにはいかないんだという人もいるでしょう。それはすごくよくわかります。東京に踏みとどまらなきゃ勝負にならない。それはそのとおりなんです。しかし、私が友人や後輩にむかって東京を離脱しろと言うのは、まったく同じ理由からなんです。

私が早い段階で東京を離れて、ちょっとフライング気味に「率先避難者」になったのは、東京の都市環境が大きく変化してしまったからです。

東京はもうかつての姿を取り戻すことはないでしょう。まず優秀な頭脳が集まらない。野心的な欲望も集まらない。大学や専門学校は定員を埋めるのに精いっぱいという状態になるでしょう。

すでに今年の大学入試からその傾向はあらわれています。そりゃそうでしょう。親にしてみれば、大事に育ててきた優秀な子どもをわざわざ低線量被曝地帯に行かせるわけがない。進学するなら関西に行けって言いますよ。外国人だってそうです。とびきりセンスのいい中国人研究者とか、野心的なアメリカ人とか、東京からいなくなってしまう。

それは一過的な現象ではなくてこれからずっと継続していくわけですから、東京は、あの刺激的で先鋭的な都市空間を再生産できなくなるんです。だから私が友人たちに言いたいのは、ぬかるみに足を取られるなということです。これから自分の研究とか表現というものをしっかりとやっていくためには、もう東京にいてはダメなんです。東京からの頭脳流出は不可避ですから、早い段階で東京を離れて、別の都市に足場をおいて、新しいシーンをつくらなくてはならない。

こういう言い方は一般的には強い反感を買うだろうと思います。これまで暮らしてきた街に愛着はないのかと言われるでしょう。もちろん私だってこれまで二〇年も東京に暮らしてきて、いろいろと無茶なこともやってきたわけですから、東京に愛着がないというと嘘になる。自分がいろいろ勉強できたのも、いまこういう水準で話ができるのも、東京という街のおかげだと思っています。

ただ、それは過去の話になってしまったんです。いま若い学生たちに対して、東京は自由でエネルギッシュな街だからここで全力で勉強しろ、とは言えない。東京が力強かったのは、腕に自信のある人間が全国から集まっていて、勝気なやつとか、尊大なやつとか、ちょっと頭のおかしいやつがごった煮になっていて、そのエネルギーが自由の空間をむりやり押し広げていたからです。

東京は、ただ尊大であっただけでなく、自由だった。「まわりの空気を読む」なんてことはなかった。私が愛着を持って、世話になったとも思っているのは、そういう東京です。「空気の読めない」人間が、わがもの顔でふるまっていた東京です。

しかし、「三・一一」以後、どうなったか。みんな空気を読んでいないか。他人の顔色をうかがって、道徳的なふるまいをしていないか。そんな街で学術や芸術が本当にできるのかってことです。

とくにこれから勝負しようという若い人たちは、この点をシビアに考えないといけない。二〇代のうちにどこまで力を出せるかが勝負ですから。つまらない街で空気なんか読んでグズグズしていたら、なにもモノにできないまま年寄りになってしまう。若いうちに力を出しきらなきゃいけないんだから、きちんと力を出せる場所に身を置かないといけない。

だから、なるべく早い段階で東京に見切りをつけて、動かなくてはいけない。都市は人間を消費して使い捨てにする、逆もまたそうです。学生や表現者というのはしょせんどこまでいってもアウトローなんですから、つまらない街に操をたててつきあう理由はないんです。

チェルノブイリ事件では、ウクライナの首都のキエフ（チェルノブイリから約一四〇キロメートルに位置する）が相当汚染され大きな被害も出ていたわけですが、政府もキエフ市民もそれをなかなか認めなかった。汚染を認めて退避するまでに、何年も時間がかかってしまった。

そのことでよけいに被害が拡大したわけです。同じことが東京でも起きるでしょう。ドイツ放射線防護協会はまさにそうした予測を立てています。東京はキエフの二の舞になるだろう、と。これから四年も五年もかけて、東京はごたごたするんです。そんなぶざまな痛々しいことに若い者が付き合うことはない。若い学生たちは、むしろ率先して東京を離脱してほしいと思います。

子どもと労働者への「無関心」

フェリックス・ガタリは『三つのエコロジー』（平凡社ライブラリー、二〇〇八年）のなかで、三つの作用領域を問題にしています。

三つの作用領域と言うのは、「環境のエコロジー」、「社会的諸関係のエコロジー」、「人間的主観性のエコロジー」です。

「エコロジー」というとき、一般的に問題にされるのは、自然環境のエコロジーですが、ガタリはこれに加えて、社会的諸関係のエコロジーがあり、主観性のエコロジーがあるんだと言っています。

これに沿って話します。

まず、私が東京を離れた第一の理由は、「自然環境のエコロジー」が破壊されたからです。東北から関東平野まで、放射性物質が降り注いでしまった。しかも微量ではない。

船橋市の公園の砂場を採取して、ＮaＩシンチレーションスペクトロメータで測定しましたが、セシウム二種だけで三〇〇ベクレル／kgもあります。これは砂の表面だけではなくて、一〇センチの深さまで掘った砂からもほぼ同じ量がでる。砂場は水はけが良くて粘土質もないので、セシウムが蓄積しにくい土壌なんですが、それでも三〇〇ベクレル／kgもでてしまう。平米あたりに換算すると、一九五〇〇ベクレル／m^2です。

こういう環境では育児はできない。東京にいた頃、私は家族と別居していたので、育児といっても週に一回子どもの面倒をみる程度だったんですが、そんな私でも、公園の汚染がどれだけの脅威かはわかります。

子どもは鉄棒をなめるし、ジャングルジムをなめるし、ガードレールやフェンスに体をこすりつけるし、生垣をさわったり、花の蜜を吸ったりします。あと、よく転ぶし、顔から転んで砂を噛んでいる。水たまりも好きです。大人が触れないようなものを子どもは触っていて、街のなかのいろんなものをべたべたと触っているから、いつも体が汚れているんですね。

手洗いやうがいができるのは、ごく一部です。たいていの子は汚れた手で鼻をほじって、丸めて、食べてしまう。だから、放射性物質が降り注いで回収できないという事態は、もう子どもを育てる環境ではないということです。

次に「社会的諸関係のエコロジー」の次元で、大きな変化が生まれるでしょう。簡単に予測できるのは、児童虐待です。子どもの体力は削がれていって、疲れやすかったり、病気がちになったりします。集中力が落ちて、学力も落ちていきます。これが放射線による影響なのではないかと考える親は多くないでしょう。

まず知識や情報が充分にないということがあるし、知識があったとしても、それを心理的に受け入れられず否認してしまうということがある。政府や医療機関も放射線障害を公式には認めないので、防護対策は遅れ、無理解は蔓延するでしょう。

こうしたシチュエーション自体が緩慢な虐待であるわけですが、これにさらに追い打ちをかけて、迷信が流行します。元気のない子どもに喝をいれる精神教育だとか、おまじないとか、もっと密教的な「医療行為」が登場するでしょう。適切な放射線防護をしないで、怪しげな健康食品を食べさせたり、悪魔払いをしたり、軍隊式の合宿セミナーにいかせたりということが起きてくるのです。

体の弱い子や勉強についていけない子は、日常的に責めたてられているわけですが、低線量被曝はそれに拍車をかけます。「子どもがおかしい」というのです。本当は自然環境がおかしくなっていて、それに対処すべき社会がおかしくなっているのに、「子どもがおかしい」ということにされてしまう。よくあることだと言えばそうなんですが。

もともとこれまでも少年犯罪なんかは凶悪に悪魔的に描かれてきたわけですが、あるいは失業している若者とか、たるんでる甘えた若者というように、若者に対して不寛容な、若者を憎悪する社会ではあったわけです。しかし、この間の放射能対策問題ではこの傾向に拍車がかかっているように思います。「子どもの内部被曝を防ごう」とか「子どもだけは退避させよう」というのは、あたりまえの判断であって、それは科学的にも妥当だし、人間感情としても自然な発想だと思うんですが、こうした主張があまりにも軽んじられている。子どもや若者の権利が、あまりにも易々と退けられているように思います。

たとえば、汚染地帯から住民の退避が必要だという主張をすると、居合わせた人たちはまず何を言うか。「しかし長年その地に暮らしてきた老人にとって、土地を離れるのは身を切られるようなものだ」と言うんです。まず第一にこうした「異論」がでてくる。これが必ずでてくる。なにかおかしくなっているんですね。考えるべきことの優先順位がおかしいし、これではまるで老人の記憶や愛着のために子どもが犠牲になってもいいんだと言っているようなものです。

「汚染地帯の住民」と言ったときに、まず老人の姿を思い浮かべて、子どもの姿が思い浮かばないということになっている。ここで見えなくなっているのは放射能だけではなくて、子どもが見えなくなっているんですね。この社会が、子どもに対してはらうべき関心を失っているんです。

だから、学校給食の食品検査を要求する親たちが、まるでモンスターペアレンツみたいな扱いを受けてしまうのも、まあそうなるよなあ、と。だって子どもとか育児とかいう問題に社会が関心をもたないわけだから。それはもう二重の意味で、見えないものに騒いでいる、おかしな親たちということになるでしょう。

私が一昨年に出した『原子力都市』（以文社、二〇一〇年）で問題にしたかったのはこのことです。原子力都市の一般的規則、原子力化した社会の規則となったインディファレンス（indifference）の問題です。インディファレンスというのは、「非－差異」とか「無関心」と訳されますが、これは「三・一一」の事件が起きるずっと以前からそうだったし、「三・一一」事件の後も、この期に及んでというか、だからこそというか、いままさに「無関心の規則」が前景化している。

見えなくなっているのは子どもだけではないんです。労働者も見えなくなっています。

たとえばいま環境省は、被災地の汚染されたガレキを全国の清掃工場に処理させようとしています。たくさんの反対意見を押し切って、汚染がれきを焼却させようとしているわけですが、ここで彼らが何を言うかというと、フィルターがあるから大丈夫だ、と言う。清掃工場には高性能のフィルターがあるから、放射性物質を燃やしても放出しないんだ、と言うんです。これはとんでもない暴論です。

かりに環境省が言うように放射性物質が工場の外に放出されなかったとして、では、工場の中はどうなるのか。

工場というのは、無人じゃないですよ。かなりの部分が自動化されたとしても、完全な無人工場というのはありえない。機械というのは、つねに人間が面倒を見てメンテナンスをしていかなければ動かないんです。

じゃあ、放射性物質を蓄積して高濃度に濃縮したフィルターを、誰がどうやって交換するんですか。機械に不具合がでたとか、故障したというときに、誰がその灰の中にもぐって部品を交換するんですか。機械の周辺的な部分を交換するぐらいならまだいい、しかし、工場の心臓部分がやられてしまったら、それを誰がどうやって解体して、どうやって付け替えるんですか。

工場の敷地を隔離して、全面マスクをつけて線量計を持って、作業後に表面汚染検査をして、という作業を、一般の清掃工場にやらせるつもりなのか。これは簡単なことではない。放射性物質を焼却濃縮するなんてことは、当の原子力発電所だってやったことのない作業です。私がメンテナンス業者だったら、そんな仕事はぜったい請けないですよ。修理はできない、壊れたら壊れたまんま、まるごと閉鎖してしまえって言いますよ。

フィルターがあるから大丈夫というような暴論を言う人は、現場の人間のことをすっかり忘れているんです。

もうひとつ、農業についても現場の人間が忘れられている。

なぜ食品の流通だけを問題にしているのか。消費者が食品に含まれる放射性物質を検査するのは当然です。しかし、国や自治体が食品ばかりを検査しているのは、とても違和感がある。

今回の放射能問題について農政として取り組むならば、まずは徹底した土壌調査であるはずです。作物に移行しなかったから安心です、とはいかないはずです。まずはそれぞれの現場で、農作業にあたってよいのかどうか、土壌に含まれる放射性物質の量を見ることが先だったはずです。こんなことだから、農家が被曝しながら「安全な作物」を出荷するというチグハグな事態が起きてしまう。この問題は後の方であらためて話したいと思います。

国内難民と母親たち

「三・一二」事件によって、東北・関東からたくさんの住民が流出しました。これがどれだけの規模になるのか私はよくわかっていないのですが、愛知県や岐阜県にも一〇〇〇人から二〇〇〇人の規模で避難民が生活しています。

これは難民です。国内に数万人規模の難民がいるわけです。

いま世界には「国内難民」というものが三〇〇〇万人いると言われています。彼らは政治的な迫害や内乱、自然災害などにより避難を余儀なくされた人々ですが、今後はその統計に日本の国内難民が含まれることになる。日本のような人口の大きい国で、相当の規模の土地が汚染されてしまったわけですから。すでに数万人が土地を追われて、今後この数はどんどん増していきます。しかし日本政府はこのことを簡単には認めないでしょう。

私はまだいいですよ。ただたんに実家に戻っただけとも言えるから。しかしそういう人ばかりではない。親戚も知り合いもいない土地に逃れて、もといた家に帰ることができない人たちがたくさんいる。問題は福島第一原発から三〇キロメートル圏内だけではなくて、二五〇キロメートル圏に及んでいます。とくに首都圏の東部、東葛地域の汚染は恐ろしいレベルですから、柏市や松戸市から逃れてきた人たちがたくさんいるんです。

こうした人たちの存在は、まったく見えなくされています。難民の存在は見えない。それよりももっとよく見えるものがあって、崩壊した四号機とか、膨大なガレキとか、そういう視覚に訴えるスペクタクルが前面にでているあいだ、難民や、その生活というものは、見えなくされるでしょう。

しかし、今後の社会の動き、「三・一二」後の見通しを考えていくとき、この人たちこそが重要な主体になってくる。

たとえば、「三・一二」以後、放射能を恐れて福岡に避難した母親たちが、避難民同士で集まって、反原発のデモを打ちました。玄海原発を動かすなと。

彼女たちは、たんに自分たちが安全な場所に疎開できればそれでよしとするのではなくて、そこでネットワークをつくって、政府と電力会社に、そして玄海原発を動かそうとする佐賀県知事に対して、抗議の声をあげたわけです。これは注目すべき現象です。

私は以前、このことを、「人口のメルトダウン」が始まるのだと書きました。メルトダウンというのは、容器を食い破って漏出していくことです。怒り心頭になった人々が、東北・関東から漏れ出してしまったんです。漏れ出していった先で、化学反応を起こしていくんです。国やマスメディアがこれを制御できるかといったら、もう絶対に無理です。彼女たちは全国各地の都市に散って、見えない角度から、不意打ちを食らわせるでしょう。

私がここに注目するのは、前例があるからです。広島・長崎の被爆者たちです。被爆者たちは全国に離散していきました。地元ではまともな生活は期待できないし、被爆者差別もありますから、多くの人が出身を隠して全国に散っていったわけです。

第二次大戦後の日本の社会運動を考えるとき、彼らが果たした役割は小さくないと思います。それは、在日朝鮮人たちが果たした役割と並べることができるほど、強い影響力を持ったでしょう。彼らは表立ってそうだとは言わないでしょうから、これはなかば都市伝説みたいな話になってしまうんですが、だからこそそこに潜在していたポテンシャルに注視するべきだと思うんです。

ヒロシマと言えば「平和祈念式典」というのでは、問題を参照したことにならない。ヒロシマの運動性、反核運動や平和運動の力の源泉がどこにあったかと言えば、「離散」という、私的かつ集団的な経験があっただろう、と。政府は広島市にモニュメントをつくって祈念式典をやるわけですけど、そんな容れ物にヒロシマを回収できるわけがない。もう手がつけられないぐらい拡散してしまったんです。

いま始まっている東北・関東からの人口流出は、広島・長崎の離散を超える規模になります。爆心地の福島県民だけでも二〇〇万人、さらに宮城、岩手、そして南側は関東全域に汚染が及んでいますから、ざっとみて日本人口の三分の一、四五〇〇万人のうちのいったい何パーセントが離散するだろうかという話になる。

国内難民となった人の多くは子供をもつ母親たちです。私は名古屋に移住してから、食品や土壌の放射能を測定する「市民測定所運動」に加わったのですが（この運動についてはあとで詳しく述べます）、その測定運動で出会うのが、子供をもつ主婦たちです。

子どもを連れて逃れてきた人もいますし、子どもや兄弟が関東にいるという人もいる。はっきり言って、いまは大学の知識人と話すよりも彼女たちと話す方が断然刺激的です。

彼女たちは知っているんですよ。自分たちがマイナーな存在であることを。

自分たちがどんなに正しいことを言っても誰にもまともに相手にはしてもらえない。頭のおかしい、それこそ「パニック」を起こした人間としか扱われないだろうと。

男性社会や企業社会のメジャー（ものさし）から、あらかじめ排除されたものとして、はじめからメジャーの外にあるということを知っている。そして、自分たちが主張していたことの正しさが後になって証明されても、誰にも感謝されず、誰からも謝罪をされないということまで知っている。

さらに、メジャーがとりこぼしたものによって今後引き起こされる、さまざまな事態の尻ぬぐいをさせられるのが自分たちだということまで知っている。スーパーで食品を吟味することから、具合の悪い子どもを病院に連れていくことまで、結局自分たちにツケがまわってくることを、経験的に理解しているのです。

これはいまの若年失業者にも共通して見られることですが、現代の主婦の多くは、アンテルプレケール（不安定インテリ層）という性格を持っています。大卒の主婦は珍しくないし、分析能力やリテラシーも高い。

マスメディアでは、「専門家主義」があいかわらず蔓延っていますが、彼ら「専門家」がほとんど知見をもたず、何も予測できず、総合的なものの見方ができていないことを、アンテルプレケールは知っている。日本人の「専門家」が何々と言ったから大丈夫だという話をうのみにする人はいません。だって彼女たちは外国の研究論文まで読んでるんですから。

こういった層は皆さんが想像する以上に分厚く存在します。テレビや新聞が想定するような「無学な大衆」というのはどんどん減ってきていて、アンテルプレケールの層が分厚く形成されている。

こういう存在を無視することでメディア機械は動いていて、いまも「専門家」がペラペラと喋っているわけですが、彼女たちは「専門家」というものが井の中の蛙にすぎないということを知っている。

「専門家」は、いま知的大衆の視線にさらされて、社会学的分析の対象になっているわけです。「専門的な知見」をふりかざして社会を統制しようとしたら、かえって馬鹿をさらしてしまったということがあるのです。

昨年、愛知県日進市の花火大会で、福島県産の花火の打ち上げが中止されたという話がありました。福島県産の花火を打ち上げようとした主催者に対し「放射性物質を撒き散らす可能性のある花火を打ち上げるのはやめてほしい」という強い抗議が入って、その花火は打ち上げないことになったわけです。これは全国紙でも話題になったので記憶している人もいると思います。

愛知県で放射線測定をしているグループがあって、私はぜんぜん知らない人たちだったんですけど、ちょっと縁があって彼女たちのオフ会に誘われたので、酒を持っていったんです。そうしたら、日進市の花火を止めた人がいた。まさか本人に会えるとは思っていなかったので、おもわず握手させてもらったんですが、彼女たちと話していて、これは大変なことがおきているんだなあと思いました。

この日進市の花火を止めた女性というのは三〇代の主婦なんですけど、自然科学とはまったく縁のない人です。この人、趣味はベリーダンスですからね。これまでなにか社会運動をやってきた人なのかといったら、そんなものまったくやったこともない。そういう主婦たちが、SNSを通じて集まって、花火とかガレキ問題に取り組んで、実際に行政を動かそうとしているわけです。私は長い間社会運動に関わってきて活動家を自認しているわけですが、これはうかうかしてると完全にお株を奪われちゃうなあと思いましたよ。

彼女たちのグループはどちらかというと勉強が好きじゃないタイプというか、こむずかしい理屈を言わない人たちなんですが、放射性物質の性質についてはおそろしく精確に把握しているわけです。花火問題が起きたとき、ある全国紙は彼女たちの動きを「パニック」として扱って、根拠のない「福島差別」であるとかなんとか誹謗中傷がされたわけですが、じゃあ花火を調べてみろといったら、やっぱりセシウムが出てきた。

彼女たちの指摘は正しかったんです。これは、いまコンクリート材料の砕石で起きていることと同じ問題です。放射性物質は、流通にのって二次拡散するということです。

この二次拡散問題について、どれだけの「専門家」が問題を事前に予期して提言していたでしょうか。ほとんどの「専門家」は頭を低くして声を出さないようにしていただけではないか。そうやって彼ら「専門家」がネグレクトしたものを、きちんと矢面に立って問題を指摘したのは、ベリーダンスを踊っている主婦だった。

これは決定的なことです。日進市の花火問題はひとつのエピソードであって、他にもこうした事例が重なっていくでしょう。そうしてわれわれは、日本の学者は木偶の坊であるという認識を共有していくわけです。

放射線測定運動に加わったとき、私は正直に言って少しビクビクしていました。はたして自分のような門外漢に、こんな難解な自然科学の課題ができるのだろうか、と。しかし、アンテルプレケールの主婦たちは、それを平気ではじめている。知っている人に教えてもらえばいいんでしょ、ネットで調べればなんか出てくるでしょ、と。

男だったらプライドが邪魔してなかなか踏み切れないことを、すぐに実践してしまう瞬発力をもっている。そして、放射能拡散問題を、精確に、科学的に、捉えていったんです。

歴史は繰り返すというか、よく思い出してみれば、五〇年代の原水爆実験反対運動も、チェルノブイリ事件に発する八〇年代後半の反原発運動も、その中核を担ったのは女性たちでした。反核運動というのはずっと一貫して、素人の、女の、運動だったんです。いまそれがかつてない規模で始まった。

「三・一二」のインパクトはここにあると思います。

まず大規模な離散が始まり、女性たちを収容していた「社会」が、メルトスルーしてしまう。もう誰も彼女たちを統制することはできない。そして、漏出していく分子はてんでにチェーンリアクションを起こして、潜在する知性を解放していく。

これは日本の歴史上かつてない、ラディカルなデモクラシーが始まるということです。

このデモクラシーは、議会政治には集約されない。これまであった左翼の議会主義国民運動は、根本的に不能になるでしょう。八〇年代の反原発運動は土井社会党を生み出したわけですが、もう一度そうしたコースを辿って、「三・一二」がなんらかの議会政党勢力として表現されることはないと思います。

もっとケタ違いの変化が、もっと見えないしかたで進行する。「日本文化」とか「日本人らしさ」とか「日本社会の慣行」というものが根元から変動するような事態です。言ってみれば、われわれが日本人ではない者になる、ということです。

「外国人」としての避難民

思い出してみれば、三月一二日の出来事は、「日本人」と「外国人」を再定義するものだったと思います。

まず外国人は一斉に東京から退避しました。フランス大使館は在日フランス人に対してすぐに関東から離れるように勧告を出しました。都内にいた中国人も自主的に関東、そして日本を離れた。ドイツ人もアメリカ人もそうです。外国人というのは、日本政府の見解など一顧だにしないんですね。

それと同じ仕方で、日本人も東京から退避しました。政府会見を見て、「ただちに影響を及ぼすものではない」という言葉を聞いて、ああこれはまずい、となった。

われわれはこのとき「外国人のように」東京から退避したのです。日本政府の発表なんか信用していたら、頭上から放射性物質を浴びせられてしまう。実際そうなってしまった。

退避の遅れた人は、ヨウ素やセシウムの混ざった雨を浴びせられたのです。関東平野に放射性物質が到達しているのに、日本の気象庁は拡散予測を出さない。だから私たちはインターネットに接続して、ドイツ気象局の発表する拡散予測を見ていたのです。日本の学者はどうも事態を把握していない、だから、ユーチューブの動画でアメリカ人が行う事故分析を見ていたのです。

食品の暫定基準値がザルの状態であることがわかってからは、日本産食品と中国産食品を並べて、どちらがハイリスクかと考えるようになった。私たちはあのとき以来、部分的にか全面的にか日本人であることをやめなくてはならなかった。自分の身を守るために、また自分の子どもの身を守るために、外国人のように振る舞わなくてはならなかった。これは理念的な問題ではなくて、実際上の必要からそうなっていったんです。

西日本の人には理解しにくいことかもしれませんが、東北・関東の住民にとって「三・一二」とは、政府が「国民の保護」を放棄した日です。

われわれは政府の保護を期待できない外国人のように、海外情報を読み漁り、また、外国の政府を分析するように、日本政府の動きを分析しているんです。こうした事が、たとえば沖縄県で起きていたら、事態はこれほど緊迫していなかったでしょう。問題は「日本」のまさに中心である首都圏で起きたということです。政府を疑うことのなかった「国民」が、政府に裏切られ、外国人化していったのです。

こうした状況は、もしかしたらずっと以前から準備されていたものであるのかもしれません。

「三・一一」の前後をもう少し大きなスパンで眺めてみれば、これは新自由主義政策が加速していくなかで起きた事件であるといえます。「三・一一」の直前と直後、私たちはＴＰＰ（環太平洋パートナーシップ協定）という新しい自由貿易協定に直面していました。政府は国民経済の保護を放棄して、完全なレッセフェール（自由放任主義）に鞍替えしようとしていました。それは、放射能公害事件とは無関係に進められていたものです。

もう少し遡って見てみると、私たちは際限なく拡大する失業のなかにいました。一九九〇年代の初めから二〇〇〇年代まで、およそ二〇年もの間、若年層の失業は当たり前の風景になっていました。マスメディアではこれを「ロストジェネレーション」と呼んでいて、私もその最年長の年代に属しているわけですが、若年層の低賃金と無権利状態は、ある世代の一過的な現象にとどまることなく、ずっと常態化していたのです。

いまからちょうど一〇年前、私は「フリーター全般労働組合」という地域ユニオンの結成準備に関わっていたのですが、それは当時の新自由主義政策のもっとも端的なあらわれが、若年層の権利はく奪にあると考えたからです。

若年層の労働環境の変化を、当時どのように分析していたか、思い出しました。私たちは新自由主義政策下の無権利状態を、「労働者の外国人化」とか「労働者の女性化」と呼んでいたのです。外国人労働者や女性労働者がおかれてきた無権利状態が、労働者全体に拡張しているのだ、と。

エコロジーフェミニストであれば、この傾向を「主婦化」と呼ぶでしょう。アントニオ・ネグリであれば、「女性化」ということにもっと肯定的な意味を込めて言うでしょう。「女性化」がもたらすポテンシャルこそが状況を刷新する力なんだと言うでしょう。

ともあれ、私たちは「外国人化」している、あるいは「女性化」しているという事態は、ずっと以前からそうだったんです。ただし、一〇年前、フリーター労組を準備していたころは、このことの意味の全体がまだよくわかっていなかったのかもしれない。私は、「外国人化」「女性化」ということの否定的な側面ばかり見ていたように思います。

いまようやくそのことの肯定的な側面、積極的な意義が、見えてきたような気がします。私自身がそれを確信できたということです。

「三・一一」を考えるとき、私がある意味でとても解放的な気分になっているとすれば、それは、「日本人ではない者になる」ということの肯定的な力を感じているからだと思います。この力が、あの日私の背中を押して、被曝被害から護ってくれたのです。

フェリックス・ガタリの「三つのエコロジー」に話を戻しましょう。ガタリは三つの作用領域があるんだと言っています。「環境のエコロジー」、「社会諸関係のエコロジー」、そして「人間的主観性のエコロジー」です。今回の「三・一一」事件はおそろしい破壊をもたらしたわけですが、そのなかで唯一希望を持てるものがあるとすれば、それはわれわれの主観性が大きく書き換えられようとしているということです。

私のような人間が、公園の砂場を測定したり、食品を刻んで測定したりしているんですよ。飯も食わないでタバコばっかり吸っていて、「衛生」概念を正面から批判していた私が、あの日以来ずっと「公衆衛生」を考え実践しているんです。タバコはやめてませんけどね。まったく自分でも驚きです。

これは放射線防護の必要から強いられたものなんですが、しかしこの防護のプロセスは、ただ面倒な負担が増えたということにとどまらないポテンシャルを含んでいると思います。いまわれわれのなかで「主観性のエコロジー」が大きく変動しているんです。

ドゥルーズ／ガタリであれば、「獣になること、女になること、狂気になること」と言うかもしれない。まさに「狂気」です。自民党の幹事長はわれわれを「集団ヒステリー」と呼んだ。それは正しいのです。実際に、イデオロギーの次元でもっとも怖れるべきは、この集団的な主観性の変化です。だからこそその変化に対する否認があり、力づくで統制しようとする反動が生まれるのです。

自民党は思慮の浅い人が多いので、ついポロッと口にしてしまったんです。「パニック」だ、「ヒステリー」だ、と。まったくそのとおりで、そうして自民党議員が怖れている変化が、数年後には現実的な脅威になるのです。

Ⅱ　放射能測定という運動

放射能測定運動の基礎

私が現在かかわってる活動は二つあります。

まず、東京を中心とした関東の公園の砂場の放射線量の記録を残すための「東京砂場プロジェクト」（http://sunaba-project.com/）があります。

これは爆発から三ヶ月後の二〇一一年六月に呼びかけて、活動を始めました。五月末から七月まで、何度か関東へ足を運んでこの計測活動をしていました。

次に、こちらは名古屋で始まった市民測定所運動で、「未来につなげる・東海ネット・市民放射能測定センター」（http://tokainet.wordpress.com/）というところに、測定ボランティアとして加わっています。ここではＮａＩシンチレーションスペクトロメータ一台を設置して、土壌・水・食品の核種分析をしています。

放射線の評価は二つの単位で行われています。シーベルト（SV）と、ベクレル（Bq）です。シーベルトは放射線が及ぼす効果を評価するもので、空間線量の発表や人体の被害の評価などで使われます。

注意しなければならないのは、シーベルトは、みなしの数値だということです。放射線の威力はアルファ線かベータ線かガンマ線かという放射線の種類によって違っていて、さらには人体の器官によって与えられる打撃も一様ではない。それを無理やりシーベルトに換算しているんです。

そもそも比較しがたいものを、なんとかして一つの共通の単位にして考えようということなので、いろいろな荷重係数をかけて計算しなくてはならない。複雑だし、まだまだ未熟な部分が多い。

これに対して、ベクレルは信用できる単位です。ベクレルは、一秒間に何個の放射性物質が崩壊したかをカウントしたものです。ベクレルは放射性物質の量を直接にカウントしたものなので、ごちゃごちゃと操作する必要のない数値です。食品では一キロ当たりのベクレル（Bq／kg）、土壌では平米あたりのベクレル（Bq／m^2）で、放射性物質の量を表しています。

いま全国で市民測定所が開設されていて、食品や土壌のベクレルを測定できる体制が整いつつあります。

ベクレルを見るための測定機は二種類あって、ゲルマニウム半導体式とNaIシンチレーションスペクトロメータがあります。ほとんどの市民測定所ではNaIを導入しています。なぜかというと、NaIは初期費用もランニングコストも安いからです。ゲルマニウム半導体式は一台で一〇〇〇万円以上しますが、NaIは三〇〇万から四〇〇万円で買えます。簡易式なら一〇〇万円以下で買えるものもあるようです。

また、ゲルマニウム半導体式では装置の温度を一定にするために液体窒素を使用するので、その費用が余分にかかるのですが、NaIは室温で動かすので電気代しかかかりません。そういうわけで、ほとんどの市民測定所はNaIシンチレーションスペクトロメータを使って、食品や土に含まれる放射性物質の量を測っています。

この装置で何ができるかというと、ガンマ線を放出する放射性核種について、それぞれに何ベクレルあるのかということを見ることができます。核種が放出するガンマ線には核種ごとに固有の強度（エネルギー）というのがあって、ヨウ素１３１なら三六四キロエレクトロンボルト、セシウム１３４なら七九五キロエレクトロンボルトというように、それぞれの核種に固有の値があります。このエネルギーの値をわけて、それぞれに何回ガンマ線を出したのかを記録して、グラフにして、見ることができる。ある土の中に、カリウム40が何ベクレル、セシウム134が何ベクレルというように、核種をわけてカウントしてくれます。これを分解能と言います。

NaIはゲルマに比べると分解能が低くて、エネルギーが接近している別の天然核種をカウントしてしまったりという誤作動もあるんですが、これは汚染のほとんどない土を長時間測定したときに起きる現象で、通常の検査ではまったく問題ないと思います。もし判断に迷ったときは、他の市民測定所とか、ゲルマを運用しているプロの業者にサンプルを送って、クロスチェックするということをやります。いまは市民測定所どうしで連絡を取りあって、一つのサンプルを二つの測定所で測定するということが始まっています。

我々がいま測定できる核種は、ヨウ素131、セシウム134、セシウム137です。あとこれに加えて、貝などに蓄積する放射性銀もなんとかカバーできるでしょう。放射性銀は、銀108mと銀110mの二種類がありますが、これらが放出するガンマ線のエネルギーの値は、セシウムのエネルギーの値ととても近いので、分解能の低いNaIシンチレーションスペクトロメータでは、放射性銀がセシウムの量としてカウントされるはずです。正確な量はゲルマニウム半導体式の測定機にかけなければわかりませんが、ざっくりしたモニタリングをするにはＮａＩで可能だと思います。

いま私が注目しているのは、ベータ線をカウントするシンチレーションスペクトロメータです。いま利用している測定器はガンマ線をカウントするものなので、ガンマ線を放出しないストロンチウム（Sr-89, Sr-90）が測れません。しかしウクライナには、ベータ線シンチレーションスペクトロメータというものがあるらしい。これがもし本当なら、ストロンチウムを測ることができます。

放射性ストロンチウムというのは、カルシウムと似た挙動をするもので、骨などに蓄積する放射性物質です。ストロンチウムはセシウムとくらべて体外に排出されにくいので、セシウムよりも脅威だと言われています。

ストロンチウムの測定は、化学的な操作をしてストロンチウムを抽出してサンプルをつくらないと検査できないとされ、じっさい日本の測定所ではそうしてきたのですが、ウクライナには、化学的な抽出をしないでサンプルを直接入れて測る装置があるというのです。これはちょっとにわかには信じがたいので、輸入代理店に電話をして「うそでしょう」って言ったら「本当です」と。そのシンチの検出器の結晶の材質は何ですかと聞いたら、技術担当者が「企業秘密なので教えてもらえません」と。

これはチェルノブイリ事件後にウクライナ政府が開発させて、国外にも輸出していて、すでに一五年の実績があるそうです。しかも安い。四〇〇万円台で買えそうです。ちょっとまだ確認しきれないですが、要注目です。これを私たちの市民測定所に導入すれば、国や自治体が渋っているストロンチウムのモニタリングが可能になります。

そういうわけで、いまの市民測定所の体制で測定できるのは、ヨウ素131、セシウム134、セシウム137、銀108m、銀110m、そしてもしかすると将来的には、ストロンチウム89とストロンチウム90が測定できるようになるかもしれません。

検出限界の問題

のこる問題は、検出限界をどれだけ下げられるか、どれだけ微量のものをモニタリングできるかです。

いま例えば、検出限界一〇ベクレル／kgまで測定して、安全を確認するとします。「N.D.(<10Bq/kg)」とか、「不検出（検出限界10Bq／kg）」という表記をしています。

ここで一般的に「一〇ベクレル／kg」と言っているのは、二種類のセシウムの合計の値ですから、核種ごとの検出限界で言うと「五ベクレル／kg」なんです。セシウム134について五ベクレル／kg、セシウム137について五ベクレル／kgまで検出限界を下げて、それぞれの核種について、五ベクレル／kg以上は無いですね、五ベクレル／kg未満はあるかもしれないし、ないかもしれないです、と、そういう測定をやっているわけです。

で、これをやるのにどれぐらいの時間がかかっているかと言うと、検出器の結晶のサイズとか材質にもよりますが、直径二インチのNaIシンチレーションでは、五ベクレル／kgまでみるのにだいたい六時間かかります。一検体を確認するのに六時間です。

昨年の秋から年末にかけて、いろんな地域のお米を測定しましたが、けっこう大変でした。毎晩目覚まし時計をかけて夜中に起きて測定所に通ってフル稼働しても、一日四検体しかできない。しかもこれだけ時間をかけても、せいぜい一〇ベクレル／kgまでしか確認することができない。

九ベクレル／kgはあるかもしれないんです。もちろん、検出するものについてはこんなに時間はかからないですよ。「これはあきらかに出るな」とわかっているものは、二〇分か三〇分かければ検出を確認できる。問題はあるかないかわからない微量の検体です。中部地方とか、日本海側の東北地方とか、静岡県とかの食品。これは、六時間ぐらいかけてじっくり確認しないといけない。

では、もっと測定器の台数を増やせばいいじゃないか、という意見もあるでしょう。測定器をたくさん設置すれば、一つの検体に何時間でも時間をかけられるじゃないか、と。

たとえばセシウム二種合計で四ベクレル／kgまで確認しようとすると、核種ごとに二ベクレル／kgまで検出限界を下げるということになります。検出限界は測定時間の平方根に比例するので、三〇ベクレル／kgを確認するのに一〇分かかるとして、一〇ベクレル／kgまで見るのに九〇分、五ベクレル／kgまで見るのに三六〇分（六時間）というように、測定時間が二乗で増えていく。二ベクレル／kgまで見るには二二五〇分（三七・五時間）、一ベクレル／kgまで見るには九〇〇〇分（一五〇時間）かければよい。

しかしこうなってくると、別の問題で測定器の限界にぶつかります。NaIは室温で動かしています。ゲルマニウム半導体式は液体窒素を使って装置の温度を一定に保っているのですが、NaIはそういう温度管理をしないで、室温のままで動かしています。いま冬の室内で使ってますが、朝方に室温一〇度、昼間に一六度、ストーブを焚くと二〇度というように、温度が大きく変動してしまう。

温度が変動すると、エネルギーを検出するための、なんというか、スケールが微妙にズレてしまうので、まあざっくり言うと、物差しが伸びたり縮んだりしてしまう。だから、長時間かけっぱなしにすると、精度の信頼がなくなってしまう。しかも一〇や二〇ではなくて一ベクレル／kgを読ませなきゃいけないときに、ピークの山を読むための物差しが伸び縮みしてしまうというのは、致命的です。

結論から言うと、一〇ベクレル／kg（核種ごと五ベクレル／kg）よりも少ないものを確認するには、ＮａＩでは無理です。ゲルマニウム半導体式の装置にかけなくてはいけない。これは市民測定所の食品検査にとって、厳しい事態です。

まったく逆の立場から見れば、たとえば検体を一〇ベクレル／kg以下の数値にしてしまうことは、簡単にクリアできてしまう。

たとえばタラ。あるタラから、セシウムが検出される可能性がある。どうやらセシウムを含んでいるっぽい。ならば、そのタラを魚肉ソーセージの材料にすればよい。魚肉ソーセージは複数の種類の魚を混ぜて、つなぎの材料も混ぜるので、たとえタラにセシウムが含まれていても、検出できないレベルまで希釈することができます。こうなると、これはもうＮａＩでは太刀打ちできない。ゲルマニウム半導体式でないと無理です。今後は、農産物の移行低減や、食品加工の希釈効果によって、ＮａＩの食品検査は限界にぶつかるでしょう。

セシウム134を検出することの意義

ＮａＩを使った市民測定所は、食品の検査では壁にぶつかります。では、ＮａＩではもうなにも測れないのかというと、もちろんそうではありません。土壌は充分に測れます。

土壌検査で検出する放射性物質の量は、食品検査とは一ケタ違います。フォールアウトを被った関東の土壌であれば、少ない土でも一〇〇ベクレル／kg、平均的な場所なら二〇〇や三〇〇／kg は普通に出ます。これこそＮａＩが本領を発揮するところです。家の庭とか近所の公園とか、どんどんサンプルにして数字をとっていくべきです。

ポイントになるのは、セシウム134を検出することです。

セシウム134は半減期が二年、セシウム137は半減期が三〇年です。セシウム137は半減期が三〇年と長いので、五〇年代の大気圏核実験や八六年のチェルノブイリ事件のときにフォールアウトしたものが、現在も残存しています。

これは、東京電力がまき散らしたセシウム１３７に比べればケタ違いに微量なんですが、残念なことに、そのセシウム１３７が核実験のものかチェルノブイリのものか東京電力のものか、区別することができない。森で検出されたセシウム１３７のうち、どこまでが東京電力のモノであるかを特定できないのです。

ここで、がぜん意味を帯びてくるのが、セシウム１３４です。セシウム１３４は半減期が二年なので、二五年前のチェルノブイリ事件のモノは、もう崩壊しきっていて存在しない。いま土壌からセシウム１３４が検出されれば、それは確実に東京電力が放出したモノであると言うことができる。

いま福島第一の爆発から一〇カ月ほど経っていますが、セシウム１３７とセシウム１３４の比は、一〇：八ぐらいになっています。これは事件から二年後の二〇一三年三月には、一〇：五になり、二〇一五年三月には一〇：三になるでしょう。そうして事件から一〇年もたてば、セシウム１３４は崩壊しきって、検出できなくなるでしょう。

だから私たちがいま初動段階の数年でやらなければならないのは、セシウム１３４の存在を記録することです。セシウム１３４が崩壊しきってしまう前に、できるだけ多くの土壌サンプルを集めて、関東平野がどれだけ汚染されたかという記録を残さなくてはならない。東京電力を訴追するために、彼らが言い逃れできないような材料を揃えていかなくてはならないのです。

セシウムの作物移行を低減させることの問題

少し話を戻して、さきほど農産物の移行低減ということを話したので、これを説明します。

福島県で収穫された米から一キログラムあたり五〇〇ベクレルの暫定規制値を超えるセシウムが検出されたわけですが、県は今年、農家にたいして、コメの作付け時にカリウムを多く与える技術指導をおこなう、という報道がありました。

これがどういうことなのか説明します。

まず、セシウムがどうして作物に移行していくのかというと、セシウムの化学的性質がカリウムと似ているからです。セシウムとカリウムが似た挙動をするために、植物がカリウムを吸収する過程で、セシウムが紛れ込んでしまうのです。

カリウムは一般的につかわれている肥料ですが、たとえば有機栽培農法を行っていて土壌にカリウムを投与していない畑では、通常よりもはるかに多くのセシウムが作物に移行してしまったという話があります。

仮に二つの畑で同じ量のセシウムがあったとして、どちらも同じだけ作物にセシウムが移行するかというと、そうではありません。土壌中のセシウムに対してカリウムがどれだけあるのかという、セシウム：カリウムの比が、作物への移行に影響するのです。

だから、土壌中のセシウムを作物に移行させないために、カリウムを多く投入して、セシウム：カリウムの比を操作するのです。土壌中のカリウムの量を多くしてやれば、セシウムの作物への移行は低減させることができるのです。

これは一見よいことのように思えるかもしれません。しかしこの方法には二つの問題があります。

まず、生産者の防護という観点から見て、この方法は農作業従事者を被曝させてしまいます。収穫した作物は、「セシウム不検出」ということで、「安全」な商品として流通するかもしれません。しかし、土壌にはセシウムが残っているのです。この土地で作業する農家や季節労働者は、放射性物質を含んだ土に触れて、土埃を肺に吸いこんで、被曝していきます。

安全な作物をつくるために、作業者が放射線を浴び続けるという状況が生まれるのです。

福島県がこういう技術指導をするということは、商品経済の正常化のために、農作業従事者の安全を犠牲にするということです。あるいは、農家が被った被害の実態を表面化させないために、見せかけの「問題解決」を図ろうとしているのかもしれません。

本来は土壌の汚染を一枚一枚ていねいに調べて、東京電力から損害賠償金を取って、離農か、農地移転か、土壌の入れ替えかを選択しなくてはならない。しかし作物が「正常に」出荷できてしまうとなると、こうした本来の解決が遅れてしまう。土壌汚染を放置したまま「問題は解決した」と言おうということなら、これは犯罪的なことです。こんなことは本当は長続きしないのです。カリウムの過剰投与を繰り返すうちに土壌はどんどん悪化していくでしょう。

問題の二つ目は消費者の防護の問題です。

いま私たちは食品中のセシウムを測定していますが、これはセシウムが問題であるというだけでなく、セシウムがそれ以外の核種の存在を知るための指標になっているからです。

拡散している放射性物質には、ヨウ素、セシウム、ストロンチウム、トリチウム、ウラン、プルトニウム、等々、さまざまな核種があります。

セシウムはそうした核種のうちのひとつにすぎません。さきほども確認したように、いま市民測定所で導入されているガンマ線シンチレーションスペクトロメータでは、このしたさまざまな核種のうちのヨウ素とセシウムしか見ることができないのです。

ということは、食品中のセシウムが人為的に操作されてしまうと、それ以外の核種があるのかないのか知ることができなくなってしまうのです。福島県はカリウム投与でセシウムの移行を低減させるという、では、ストロンチウムはどうするのか。トリチウムのような測定の難しいものはどうするのか。指標となっているセシウムの値だけを下げて、他の核種は放置するというのなら、これは汚染を隠ぺいするロンダリングであるということになります。

このような県の対応は、大規模な土壌汚染問題に正面から向き合おうとしない、ごまかしの対策だと思います。これでは農産物の信頼は回復しないし、消費者はこれまで以上に疑心暗鬼になってしまいます。繰り返しになりますが、土壌を調べなくてはいけないのです。それこそ田畑を一枚一枚ていねいに調べていくしかない。県の間違った動きに対して、福島の農業団体は現実的な対応に出始めています。今年一月、ＪＡ新ふくしまは、農地の汚染を広く調べる態勢をつくると表明しました。これが正しいのです。

いま私が関わっている市民測定所でも、中部・関東・東北地方の農家からさまざまな農産物が検体として送られてきますが、私が農家の方にお願いしているのは、土壌を地表五センチまでとって送って下さいということです。

私がここで説明しているのは、ＮａＩのような装置では食品の測定には限界があること、食品が「不検出」であっても土壌が汚染されていることはありうるのだということです。そういうことがあるので、いまは東北・関東の土、堆肥、ワラ、カヤ、薪の灰などが送られてきているのです。

「東海ネット」の市民測定所は、東海地域だけを測っているのではなくて、福島、栃木、千葉、群馬、埼玉、長野、岩手からも土が送られてきています。測定依頼の約七割が、東北・関東地域からきています。こうした市民測定活動をすすめていくことで、生産者も消費者も一緒に、放射線から防護していくという考え方なのです。

国が発表する空間線量の問題

いま、水や食品による内部被曝の問題に関心が集中していますが、外部被曝についても問題はたくさんあります。

防護対策の基本は、汚染地域からの退避、そして食品検査を徹底して放射性物質を排除することです。しかし、汚染地域からの退避がなかなか進まない現実もある。こうなってくると、汚染地域における外部被曝と呼吸からとりこまれる内部被曝もきちんとモニターしていく必要がでてくる。

いま国は各地域の空間線量を測って発表していますが、これはまったく不充分なやりかたをしていて、地域住民の被曝線量の最小の部分を出しているにすぎません。

どういうことか説明します。

放射性セシウムには134と137の二種類ありますが、これらはどちらもベータ崩壊をする核種です。セシウムが崩壊するときには、飛距離の短いベータ線を放出しながら、同時に飛距離の長いガンマ線を放出しています。ベータ線とガンマ線の放射線荷重係数はどちらも一ですから、ベータとガンマとあわせてダブルの放射線が出ていると考えていい。

ところが、いま国が発表している空間線量の数値というのは、ガンマ線だけを計測した数値なんです。国が使用しているシンチレーションサーベイメータという装置は、ガンマ線だけをカウントする機械で、ベータ線がどうなっているかは測れないんです。

試しに、ウクライナから輸入したガイガーカウンターで線量を測ってみれば、国の発表している数値とどれだけ違うかわかります。例えば国が発表している東京の空間線量が〇・〇六であったとして、新宿でガイガーカウンターを使うと、〇・一五という数値が出ます。

なぜこんなに数値が違っているのか。それは国の測定器がガンマ線だけをカウントするのに対して、ガイガーカウンターはベータ線とガンマ線をカウントしているからです。

ウクライナ仕様のガイガーカウンター、TERRAとかRADEXとかSOEKSという測定器は、放射性物質が拡散した環境に対応してつくられていますから、ベータ線とガンマ線を両方カウントする仕様になっているのです。

おそらくシンチレーション式とガイガーミュラー管式（ガイガーカウンター）では、どういう環境で使用するかという設計の発想が違うのだと思います。

シンチレーションサーベイメータは、放射性物質が密封されているかほとんど微量にしか存在しない環境で使われていたものです。そういう環境であればガンマ線だけが問題です。

対して、東欧で使われているガイガーカウンターは、チェルノブイリ事件後の環境、放射性物質がそこらじゅうに転がっている環境を想定している。

放射性物質が拡散して回収できない、密封できていないということは、地面に転がっているということであり、肌や衣服や毛髪に付着しているということです。こういう状態でセシウムが崩壊すると、飛距離の短いベータ線を人体が浴びてしまいます。人体がベータ線を浴びるということが想定されていて、この線量がどれだけになるかを含めて、ガイガーカウンターは計測しているのです。

ベータ線の線量がどれだけのものになるか、国は測定していないし、線量評価の指針さえ示していません。

この件については文部科学省に電話で確認しました。私ははじめ、国は何らかの方法で、見なしの係数をかけてベータ線の線量評価をしているだろうと考えていたのです。ガンマ線のCPM（カウント・パー・ミニット）から等価線量（シーベルト）に換算するときに、ベータ線の分も含めて割り増ししているのではないか、と。あるいは土壌汚染のベクレル（ベクレル／m²）から推定して、プラスアルファの線量評価をしているだろう、と。

しかし実際にはベータ線については単純に切り捨てられていたのです。

これはちょっと驚きました。国のガイドラインでは、自治体に対してシンチレーションサーベイメータを使用しなさいと言う。しかし、シンチレーションサーベイメータではこぼれてしまうベータ線の線量評価について、国はまったく放置しているのです。

国は、土壌中の放射性物質の量をベクレルで発表していますから、そこらじゅうに放射性物質が舞い散っている状態を認めているんです。にもかかわらず、空間線量の評価という段になると、放射性物質が拡散していることを無視してしまう。「そういうことはないものとして考えている」と言うのです。

これでは、住民の被曝線量は過小評価されてしまいます。なぜこういう問題が起きているのか。原因は二つあると思います。

まず第一に、国が事件の深刻さを直視していないために、チェルノブイリ事件の例を参照していないということがある。

福島第一原発の事件は、ＩＡＥＡの評価でもレベル7、チェルノブイリ事件と同等以上の事態が起きているのです。だからまずはウクライナ、ロシア、ベラルーシの前例を参照して、そこでどんな防護対策がとられたかを学ぶべきです。日本製のシンチレーションサーベイメータは倉庫にしまって、東欧での実績のある測定機材を大量に輸入すればよかったのです。ウクライナの人々は経験も技術も蓄積があるのだから、率直にアドバイスを受ければよいのです。

そもそも日本の「専門家」には何も期待できません。原発を一度に四機も爆発させてしまった無能な人たちに、今後の防護対策を任せるわけにはいかないのです。

問題の第二は、数値の一義性にこだわる官僚的対応です。

シンチレーションでのガンマ線測定は、ばらつきが少なく扱いやすい。対して、ベータ線の線量評価は対象になる人によって大きく違ってしまう。ベータ線は飛距離の短い放射線ですから、放射性物質がどれだけ人体に付着しているかによって浴びる線量も変わります。

屋内で事務作業をしている人と、屋外作業をして体に埃を付着させている人とでは、被曝する線量が違います。農業、漁業、土木、建築など、屋外作業をする人たちは、体が汚れたぶん、よけいにベータ線を被曝しているのです。

これは地域という単位で一様に評価することができない性質のものです。一人ひとり、ガイガーミュラー管式サーベイメータを使って表面汚染検査をしていかなくてはならない。サンプル調査ではだめです。

農作業にしても、手袋をしている人としていない人がいるし、マスクをしている人としていない人がいる。トラクターを使用すればその分だけよけいに土埃を巻き上げて、肌に付着させたり吸入したりしてしまいます。放射性物質は複雑な経路をたどって人体や衣服に付着しますから、ひとりひとりの体を丁寧に見ていかなくては、正確な線量評価はできない。

いま環境省はガンマ線の空間線量で除染対象地域の指定をしていますが、これは間違いです。

環境省はＩＣＲＰの基準に基づいて、追加被曝線量を年間一ミリシーベルトにする、そこで自然放射線とあわせて年間二ミリシーベルト以上の地域を除染しようという。年間二ミリシーベルトを三六五日で割って、二四時間で割って、毎時二・三マイクロシーベルト以上の地域を除染対象地域に指定する、と。

百歩譲ってここまではよいとしましょう。しかしここで参照される空間線量の数値というのは、シンチレーションサーベイメータでガンマ線の線量を測定しただけの値ですから、その地域の最小の値、おそらく現実にはありえない机上の数値をとっただけなんです。

実際にはこれにベータ線の線量評価を加えてやらなければ、実態と大きくズレてしまう。除染対象に指定された毎時二・三マイクロシーベルトの地域の事務員よりも、指定を外れた毎時二・二マイクロシーベルトの農業従事者の方が、はるかに多く被曝しているということが当然ありうるのです。

では、なぜ環境省はこんな不充分な空間線量の値で除染地域を線引きするのか。なぜ、土壌の放射性物質の量（ベクレル）を基準にしないのか。

これは、行政が一様な対象をもとめるからです。複雑で多様な現実を切り捨てて、対象を単純で一様なものにならして扱いたいからです。この問題は事件直後の避難区域指定でもあらわれました。国は、爆心地から半径一〇キロメートル、二〇キロメートル、三〇キロメートルと同心円を描いて、スピーディーの拡散予測を採用しませんでした。放射性物質の拡散が、距離に対応した線形の動きをするなんてことは現実にはありえない、そのことを誰もが認識していたにも関わらず、国は距離の同心円基準を採用して批判を浴びたのです。

いま行われている除染地域指定でも同じ過ちが繰り返されています。放射性物質が地域住民に等しく付着するなんてことは現実にはありえない。人の職種によって、もっと言えば属性・階級・階層によって、ベータ線の被曝線量は変わるのです。

シンチレーションによるガンマ線の測定値というのは、誰もが浴びるだろう最小の値、ベースの値をとったものにすぎない。だからもし現行の測定方法を続けるのなら、空間線量の発表は「毎時〇〇マイクロシーベルト」ではなくて、「毎時〇〇マイクロシーベルト以上」と表記すべきなんです。

「サンプル」調査の限界

被曝被害が一様ではないという話が出たので、もうひとつ、公園計測について話しましょう。

六月に始まった「東京砂場プロジェクト」では、公園の砂場に対象を絞って、ガイガーカウンターを使って空間線量の調査をしました。私が直接計測したのは、茨城県守谷市、東京都中野区、埼玉県羽生市、群馬県太田市、千葉県市川市、八千代市、千葉市美浜区、神奈川県川崎市中原区です。

このうち守谷市、中野区、羽生市は、市内の公園をすべて測りました。市川市については東西線の南側をすべて測りました。六月から七月にかけて、全部でどれぐらいまわったかちょっと数はわからないんですが、ひたすら公園をまわって砂場の線量を測っていったんです。

なぜそんなに大量に計測していったかというと、それは、私たちが全数調査を目指したからです。サンプル調査ではなく、全数調査をしようと決めたからです。私はサンプル調査に怒っていました。東京の空間線量は新宿区の百人町で計測しています。モニタリングポストというやつです。これは各都道府県に一台づつ設置されているもので、従来は建物の屋上、上空一八メートルくらいの位置に設置されていたものです。いまは批判を受けて、地表一・五メートルの地点にも増設して、上下二カ所で計測しています。

政府がモニターする東京の空間線量というのは、計測地点はここ一カ所だけだったのです。東京に放射性物質が降下したことは、三月の時点でわかっていました。政府も自治体もそれは認めています。にもかかわらず、東京の空間線量は、百人町のただ一カ所のモニタリング数値でよしとしていた。いまもずっとそうなのです。まずこのことに私は怒っていました。一三〇〇万人が暮らす東京をモニターするのに、たった一カ所の計測地点だけでよいわけがない。江東区から八王子市までつづく広大なエリアに対して、たった一カ所の数値を発表して「今日は変化がありません」なんて、ふざけるにもほどがあるでしょう。

これは本当にひどい話です。モニタリングポストを探してハンマーで打ち壊してやろうかとも考えました。まあそういうことをやると、また捕まって、留置場で何週間もベクレル弁当を食べなきゃいけないことになるので、やめましたけどね。

では、モニタリングポストを破壊しないかわりに、何をしなければならないのか。四月から五月にかけて、これをずっと考えていました。サンプル調査は何が間違っているのか、何が正しい計測方法なのか、考えたわけです。

そんなとき、東京から京都に退避した友人がポンと一〇万円を援助してくれたので、アマゾンで出品されていた RADEX1706 という空間線量計を買いました。その線量計を東京に持って行って、いくつかの場所を測ってみました。そうすると、線量のばらつきが非常に激しいということがわかるわけです。

例えば、粘土質の多い木の根っこで測るのと、サラサラした砂場で測るのとでは、でてくる数値が大きく違う。砂場というのは変化が大きくて、子どもがよく遊んでかき混ぜられてしまった砂と、子どもが触れていない砂とでは、これも数値が違ってきます。同じ砂場でも、三〇センチずらしただけで数値が変わるということがあるんです。それだけ激しく、極端にモザイクになっているんです。

考えてみれば、放射性物質というのはものすごく小さいモノです。微小なんてもんじゃない、ナノレベルの物質です。これが、気体になったり、気体から液体になったり、固体に付着したりというふうに、変幻自在に姿を変えて拡散していったわけです。そしてフォールアウトした後も、その地点にモノが定着するわけではなくて、水や風の流れにのって場所を変えていく。動的なんです。この移動するという性質が、さまざまなプロセスで離合集散を繰り返して、ある地点が洗われたり、ある地点に蓄積したりするんです。

よく知られているのは、雨どいの下の土です。屋根に降り積もった放射性物質が、雨に流されて、雨どいをつたって、雨どいの下の土に蓄積してしまうというパターンです。しかし、雨の流れだけですべてが説明できるわけではありません。もっといろんなことがあって、地表面の材質とか、土壌の成分、植物があるかないか、土地の勾配、こういう要素が複雑に絡み合う。建物があればもっとたくさんのことを考えなくてはいけないでしょう。そういういくつもの要素が絡み合って、汚染のモザイクをつくっていく。ものすごく小さいモザイクです。

こういうものを見る、知るというのは、もう線形のモデルは通用しない、完全に

「複雑系」の世界です。

おおまかに状況を知るには、拡散予測シミュレーションというのがあって、これはマクロなレベルでは有効だし参照するべきだと思います。しかし、これはおおまかな大気の流れを見ているものにすぎないし、予測はあくまでも予測ですから、絶対にそうなるということではない。

実際に人間が暮らしている現場で、ヒューマンサイズで汚染を見ていくというときには、拡散予測に頼ることができないまた別の次元に突入してしまうんです。「複雑系」とか「カオス理論」とか、現代科学の、それはもう最先端中の最先端の問題に直面することになる。

極端な話、砂場に線量計をセットする、そのときに、あんまりウロウロ歩きまわって踏み荒らしちゃいけないわけですよ。踏み荒らすと数値が微妙に下がる。あと、計測しているときに、だいたい二分とか三分とかじっと待つんですが、そこに風がふわっと吹き付けてくると、数値が変わってしまう。

こういった非常に複雑なものを対象にするわけですから、これはもう無理だな、と。つまり、サンプル調査という方法は、原理的に無理なんだと見切ったわけです。

まず「サンプルとは何か」という根本的な議論があって、これがクリアできない。ある地点の汚染を測るというときに、何を測ることで妥当とするのか。非常に多様になっている地表面のなかから、なにを採取したら、「サンプルを採取した」と言えるのか。これがわからない。一地点でどれだけサンプルを採取したら、「充分なサンプル」と言うことができるのか。これもわからない。結論が出ないんです。

たとえばある学校の敷地を、空間線量計で測るとします。敷地と言っても広いですから、一〇の地点で空間線量を測ったとします。すると、高いものから低いものまで、一〇種類の数値がでてくるはずです。一〇地点の数値がすべて同じ、すべて一様であるということはありえないので、必ず低い数値と高い数値がでてくる。

ここで、もし私が行政の側にいて、事態を鎮静化させたい、ことなかれで済ませたいと考えていたならば、一〇の数値のうち低いものから五つだけを抜き出して公表します。そして「安心してください」と言う。逆に、もし私が保護者の立場で、学校がきちんとした対策を取るようになんとか動かしたいと考えていたら、一〇の数値のうちの高いものだけを抜き出します。それは当然です。問題にしているのは危険性ですから。

問題は、こうした方法で表現された「調査結果」というものが、どちらの場合も正しいということです。どちらも恣意的ではあるけれども、嘘はついていない。どちらも嘘ではないが、任意の数値を出している、ということが起きる。学校の敷地の表面は多様化していて、細かく激しく波打っている状態ですから、時間と手間さえかければ、どんな数値も恣意的に取り出してくることができるのです。

では、恣意的に取り出されたどんな数値をもって、その空間を代表させるのか。ひとつの考え方としては、そこで取り出された一番高い数値に代表させるという考え方があります。私も基本的にはそれに同意です。しかしこれには二つの問題があります。

まず、誰がそれを測るのかという問題があります。

高い数値を取り出してくるというのは、誰にでもできることではありません。これはサンプルを探す人によって、探し当てたり探し当てられなかったりする、言ってみれば名人芸です。名人はケタ違いの数値を掘り当てることができるでしょう。地域にそういう人がいて、危険なホットスポットを探し当てられればいいんですが、そうではない場合、ホットスポットの取り出しに失敗したときは、その学校なり公園なりは「大丈夫、安全ですね」ということになってしまう。これは、賭けです。まずこういう問題がある。

もうひとつの問題は、発表される数値がインフレを起こしてしまって、人々が高い数値に慣れてしまうことです。

注意を喚起するために数字を出しているのに、あまりにも派手な数字が踊ることで、感覚がマヒさせられてしまうということがある。土壌が自然放射線以上の数値を出しているということは、それが毎時二マイクロシーベルトでも、毎時〇・二マイクロシーベルトでもどちらも危険なんですが、高い数字を聞きなれてしまうと、「なんだたった〇・二マイクロか」と見過ごされてしまうということが起きる。

こうなると警戒すべき基準が曖昧になって、数字の意味が効かなくなってしまう。高い数字は新聞やテレビでも報道されますから、短期的には効果のある方法だったと思いますが、しかし今後、中長期的に取り組むときに、この方法は続かないのです。

誰が危険にさらされているか

計測の問題は、サンプル採取の問題です。これは食品の測定にも共通する問題だと思いますが、どのようにサンプルを採取するかで、結果の数値が大きく左右されてしまう。非常にばらつきの多い世界です。計測値の根拠とは、つまるところサンプル採取の根拠ということであって、多様な現実のなかから一部分を取り出すときの、その妥当性だとか解釈だとか「こう見なす」というところで、何か大事なものをスキップしているのです。サンプル調査は、方法として限界がある。それは、いつか行き詰まるだろう、と。

そこで私は、問題の立て方を変えたわけです。

それは、「どこが危険な場所なのか」を考えるのではなく、「誰が危険にさらされているのか」を考えるということです。「どこが」ではなく「誰が」ということに、問題設定を変えたんです。

実際、私が——私だけでなくほとんどの人が——心配していたのは、「どこ」ではなくて「誰」なんです。汚染調査というものが、そもそも客観性とはほど遠い、恣意的なものを排除できない世界であるならば、むしろその方向で問題を立てればよいのではないか。

自分が何を知りたいのか、その自分の恣意性・主観性を軸にして、この主観性が方法の根拠なんだと、特権的な根拠なんだと、突き出していけばいいんじゃないか。公園を調べるというのは、私が公園の管理者とか公園愛好家だからではなくて、公園で子どもが被曝するかもしれないとソワソワしている自分がいるからです。問題の中心は、子どもの被曝被害です。

では、子どもは何を触っているのか、何をなめたり吸い込んだりしているのか、そこから調査の方法を考えよう、と。そうするといろんなものが明確になって、視点が定まってきたわけです。「内部被曝から子どもを守ろう」と。それが一番シンプルで、ブレのないやりかただと結論したわけです。

自分が何を一番怖れているかといったら、放置された砂場です。立ち入り制限もなく、野放図に子どもが遊んでいる。学齢期より前の、歩けるか歩けないかという幼児が、砂場で砂を食べてしまっている。これはもうすべての公園を全数調査していくしかない、ということになったわけです。

オートポイエーシス的運動

砂場を計測するということに対象を定めて、それで調査方法の問題はなくなったかというとそうではなくて、いろいろと悩ましい問題は残ります。

たとえば私が悩んだものに、砂場の枠の問題というのがあります。たいていの砂場は、大きなコンクリート製の容器に入っています。コンクリートには、天然の放射性物質であるカリウム40が含まれています。カリウム40という核種は、セシウム137と同じようにベータ線とガンマ線を放出する核種です。

空間線量計は核種をわけないでいろんなものを全部いっしょくたにしてカウントしてしまうので、セシウムもカリウムも数値に反映されてしまいます。だから、このコンクリートの枠にはあまり接近させないように、少し離して測ることにしました。これは、天然にある核種と東京電力の放出した核種とをなるべく分離して捉えたいということで、まあどれだけ意味があるのかないのかわからないですけど、方向性としてはこれでいい。

問題はここからです。コンクリートではない、木製の枠というのがあるんです。実際に計測活動をしていてわかったのは、公園の設備にも地域や時代によって流行があって、ある時期以降につくられた公園では、木製の枠の砂場というのがあるんですね。木というのは、ベンチなんかもそうですが、放射性物質が蓄積するんです。濡れて、乾燥して、また濡れて、ということを繰り返すうちに、付着した放射性物質が溜まって高い線量を出すようになる。これは天然ではない、東京電力の核種です。

では、この放射性物質を蓄積した木製の枠を、計測に含めるのか含めないのか。子どもが触るという意味では、木の枠も計測に含めるべきです。しかし、これは砂ではない。砂という統一した対象を決めて、他の公園と比較するというときに、あきらかに別の要素が含まれてしまうことになる。

これをどうするのか。ちょっと悩みました。このときはとりあえず「枠から離す」というルールを守って、枠の線量は含めないというやりかたをしたんですが、本当にそれでいいのか。本当は違うんじゃないか。これは自分のなかでもまだ結論が出ない。

悩みはまだあります。砂場のない公園は何を測るのか、という問題です。はじめのころ、私は公園には必ず砂場があるのだと思いこんでいました。砂場がない公園は例外的にあるかもしれないが、とても少ないだろう、と。だから、「砂場のない公園をどうするか問題」は、ほとんど考慮しなくていい問題だと思っていたのです。

しかしそれは間違いでした。そういう公園がけっこうあるんです。最近つくられた新しい公園は、はじめから砂場を設置してないんです。

では砂場がない公園で、子どもは何を触っているのか。もちろん何から何までさわっているでしょうが、特に何に絞って計測すれば砂場に相当するものとみなせるのか。これはもう、わかりません。

計測をはじめたころは、砂場のない公園は「砂場なし」と書いて処理してきたんですが、そういう例があまりにも多いので、最後はしかたなく地面の線量を測っていきました。でもそれでいいのか。わからない。

というように、いろいろと悩みは尽きない。考えることはたくさんあります。こういう繊細で、複雑で、際限のないということが、この汚染調査の非常に重要な性格なんだと思います。

これは、おそらく行政には不可能な、市民にしかできない調査です。現実の世界の多様性を、ならしてしまうのではなく、多様なものを多様なままに受けとめていかなければならない。

「複雑系」の空間ということに絡めて言えば、この空間に向かうさまざまな市民計測活動というのは、つねに変化して、生成していく、オートポイエティック（自己創造的）な性格を持つのだと思います。

これは実践的な意味で、非常に重要なことです。

このことは従来から反原発運動をやってきた人々に向けて言おうと思うのですが、ここはキモの部分です。

ざっくりした言いかたをしますが、いまさまざまな計測活動・測定所活動の現場では、オートポイエーシスのプロセスが始まっています。何もかも手探りだからです。こうした新しい動きに、従来からある反原発運動が接続していくためには、このオートポイエーシスのプロセスを理解し、踏み込んでいかなくてはならない。

構築された「運動」や「団体」というのはいわばオートノミーですから、これまでの手持ちの材料だけで何かをしようとするわけですが、それは「三・一二」後の状況に対しては無力です。問題設定が根本的に書き換わっていくプロセスが始まったからです。

だからいま必要なのは、「運動」のオートノミーをいったん解除して、新しい諸条件に向かって開いていって、オートポイエーシスのプロセスに巻き込まれることなのです。「運動を」再生産するのではなく、「運動の運動性を」再生産する、ということです。

Ⅲ　3・12の思想

原子力資本主義、そして〈帝国〉

ここで、私の本業についての話に移したいと思います。

二〇一一年の事件が起きるちょうど一年前、二〇一〇年に、私は『原子力都市』という本を出版しました。偶然なんですが、出版した日付も事件とまったく同じ三月一二日なんですね。

この本は、二〇〇七年から雑誌に連載していた紀行文を、加筆してまとめたものです。当時は「原子力」と言っても、ほとんどまともに相手にされなかった。「また矢部が奇妙な話を始めたな」という程度で、大きな話題になることもなかった。

私自身も関心の中心は、原子力そのものというよりは、都市に力点を置いて書いていたんです。都市論、都市の歴史というものを考えるときに、その分析の補助線に、原子力の歴史があるのではないか、と。

読んでもらえればわかると思いますが、この本では原子力について通常議論されていることには触れていません。反核運動や反原発運動が議論してきたことを、私が繰り返し論じる必要はないだろうと思っていたんです。

原子力発電が異常なものだということは、ある意味わかりきった話ですから、それはそういう本を読んでもらうとして、私が『原子力都市』で描こうとしたのは、異常なものを日常に組み込んでしまった社会で人間はどう生きているのかということです。

これはある意味で、イリーガルな存在である原子力発電を、リーガルな存在として認めたということです。もちろん当時からずっと私は原発に反対であったわけですが、ただ反原発というだけではすまない問題があって、反対しようがしまいが事実として原発はあって、原子力化してしまった社会がある。原発は私たちの生きている社会の外側にあるのではなくて、内部にある。私たちは不幸なことに原子力の時代を生きている。そのことをきちんと考えようと思ったのです。

原子力技術はまったく不完全な、例外的な「技術」です。技術と呼ぶに値しないようなものです。しかし社会科学にとって、原子力政策は例外扱いするわけにはいかないものです。これは冷戦期から今日に至るまでずっとあり続けてきて、何十年ものあいだ、原子力の時代をつくってきたわけです。私が論じたのは、そうした社会科学の関心から、原子力が現代社会に与えたインパクトはどのようなものかを考えるということでした。

まずおおまかな時代区分として、「原子力の時代」というものを想定しました。一九四五年の原爆投下を画期として、それ以前と以後にわけて考えよう、と。一九四五年以降の時代について、私は「原子力資本主義」という仮説をたてて考えてみたのです。

ふりかえってみれば、資本主義の歴史にとって原子力技術というのは、大型帆船や蒸気機関の発明と同じぐらい重大な転換をもたらしたと思います。

まず大型帆船の発明は、大航海時代を実現し、商人資本主義を生み出しました。これは近代を始動させる「空間革命」であり、世界資本主義の基礎をつくった。

つぎに蒸気機関は、大工場を実現して産業資本主義を発展させました。これは「動力革命」であり、「鉄の時代」と呼ばれる一時代をつくった。

では、一九四五年に実用化された原子爆弾は、何を生み出したのか。

いまはまだ漠然と「原子力資本主義」と呼んでいますが、これは資本主義にどのような性格を与えるものだったのか。ここを考えなくてはならない。

原子爆弾は忌まわしいものですが、それは過去の話ではなく現在もあり続けているわけですから、ただ「原爆許すまじ」と言って厄払いすればよいというものではない。われわれが生きている現代資本主義は、その諸関係の基礎になる部分で、核爆弾や核ミサイルを含んでいる。核技術＝原子力技術が資本主義に果たしてきた役割を、正面から考えるべきなのではないか。そして私たちがいま直面している、都市化・金融化・情報化（脱工業化）・警察国家化という資本主義諸国の現代的特徴を、この「原子力資本主義」という概念に総括することができないだろうか、と考えたのです。

ここでちょっとマニアックな話になりますが、この問題は「土台」と「上部構造」の議論に直接関わってきます。

いま私は、「大型帆船」「蒸気機関」「原子爆弾」と並べました。これは「矢部は土台還元論なのか」と受け止められかねない話なので、急いで釈明しますが、いま三つの技術を並べてみせたのは、あくまで比喩であって、説明をするために便宜的に並べただけにすぎません。

私は原子力が通常の意味での「土台」であるとは考えていません。原子力技術は

「土台」なのか「上部構造」なのかという議論は、ひじょうに意義のある刺激的な議論になると思うのですが、私自身の考えでは、原子力は「土台」ではなくて、「土台の性格を持つ上部構造」であるだろうと考えています。

古参のマルクス主義者からは「いいかげんなことを言うな」と怒られそうな話ですが、おそらくそうなのです。これが現代資本主義の妖怪じみた性格というか、「土台」と「上部構造」をすっきりとわけることができないような仕方で、相互に嵌入する性格をあわせ持つということがあるのです。

これは都市と似ています。都市というものも、それが「土台」なのか「上部構造」なのかすっきりと言うことができない。「土台の性格を持つ上部構造」なのです。いま自分でもはじめて気がついたんですが、『原子力都市』というタイトルは、原子力と、都市と、ダブルでそういう議論をたたみかけているんですね。「土台」と「上部構造」が相互に嵌入する、何か得体のしれない妖怪じみたものがあって、そこに現代資本主義の性格が規定されている、という話なんです。

旧いマルクス主義は、「土台」と「上部構造」をすっきりとわけすぎてきたきらいがあるのですが、原子力技術を正面から考えるということは、マルクス主義が現代的に生まれ変わるためのよい機会になるのではないかと思います。

たとえば日本共産党は、「三・一一」事件の直後に、原子力開発に対する方針を転換しました。「三・一一」以前の共産党の見解は、「技術はただの技術だ」という非常に素朴というか木で鼻をくくったような話だったわけですが、「三・一一」事件後に大きく方針を変えました。いまこの問題でもっとも積極的なのは共産党ではないかというぐらい大動員をかけています。それがどういうレベルでの方針転換であったのか内部事情はよく知りませんが、彼らが原子力問題に本当に正面から取り組むならば、これはマルクス主義の理論的解釈の根幹に関わってくることになります。「土台は土台だ」というのではない、もっとおそろしく複雑な資本主義の現代的分析に突入することになる。それは共産党だけの話ではありません。さまざまな潮流のマルクス主義者が、いま資本主義分析の原論の次元で、問われている問題があるのです。

話を戻しますが、私が本当に問題にしたいのは国家です。

一九四五年以降の資本主義を「原子力資本主義」と呼ぶ、仮説をたててそう呼んでみるというのは、言い換えれば、冷戦期およびそれ以降の国家はどういう性格をもっているかということです。これは帝国主義後の国家というものをどう捉えるのかということです。

私が非常に大まかな時代区分をもちだしているのは、最終的には現代の国家を考えたいからです。大型帆船が活躍する「大航海時代」を推進したのは、植民地主義国家です。「鉄の時代」の主役となるのは、帝国主義国家です。

では原子力の時代を主導する支配的な国家体制とはなんなのか。

帝国主義の次にあらわれるのは、スーパー帝国主義なのか、それとも、ネグリ・ハートが問題提起したような〈帝国〉なのか。私はネグリのシンパですから、やはり〈帝国〉について議論していきたいと思うんです。

〈帝国〉で指摘される超国家的な統治というものが、これから現実的な課題として具体的にあらわれてきます。「三・一二」事件は、一国的なレベルでの公害事件にとどまるものではありません。国際闘争になります。被曝による健康被害をできるかぎり過小評価して、「被害は軽微だった」ということにしたいのは、これは日本政府の意志であるだけでなく、国際原子力産業の意志であり、超国家的な国際機関の意志なのです。

われわれはこれから、ＩＡＥＡ（国際原子力機関）やＩＣＲＰ（国際放射線防護委員会）やＷＨＯ（世界保健機関）と、直接的にか間接的にか対決しなければならないわけです。私たちはすでにＩＭＦ（国際通貨基金）がどんなひどいことをやってきたかを知っているわけですが、これから私たちはＷＨＯがどれほど非人道的なものかを知ることになる。彼ら国際機関は、被曝による健康被害をないものにできる力をもっています。

ＷＨＯがちょっと数字を操作すれば、数万人の被曝者が病院での検査を拒否されることになる。これは旧来的な「国家権力」とか「国家意志」というのではない、もっと別の次元の統治であり、管理です。

「国民国家」は議会性によって民主的な体裁を保ってきたわけですが、今後は、国際機関の後ろ盾を得て、専制的な性格を強めていきます。国家が本来持っている私的な性格が前景化してくる。議会に代表されない、得体のしれない私的審議会によって、われわれの子どもは脅威にさらされるのです。

こういう事態に直面するということは、国家というものを漫然と捉えるのではなくて、もっと厳密に原論のレベルで根本的に考え直していくことが必要になってくるでしょう。

原子力のある社会

『原子力都市』を書いたころ私が前提にしていたのは、「平和」で「安全」で「クリーン」な都市です。これが原子力資本主義の特徴だと考えました。

まず、「平和」。

私たちは「平和」を享受してきました。一九四五年以降、戦争は第三世界のものになりました。朝鮮やベトナムで大規模な戦争が起きているときに、日本はアメリカの「核の傘」の下で域内平和を享受してきました。

つぎに「安全」。

暴力は根絶されました。街角に監視カメラが設置され、酔っ払いがちょっと大声をあげただけで警察官がやってきます。暴力は密室の見えない場所に移っていき、都市は「安全」になりました。

そしてこの都市は「クリーン」です。

煤を出す工場はなく、汗や埃は洗い流され、タバコの吸い殻も落ちていない。この街には道端に痰を吐く人間もいない。付け加えるならば、原子力発電は二酸化炭素を出さない「クリーン」エネルギーで、もちろん「安全」なのです。

これが「三・一一」事件前の「原子力都市」であり、人類の到達したユートピアであり、ユートピアであるとは同時に、ディストピアであった。

「三・一一」事件の以前から、つまり破局的な事故を経験する前に、私たちはあるディストピアを生きていたのです。「原子力都市」のユートピア的性格、「平和」で「安全」で「クリーン」であるという性格は、「三・一一」事件後も継続しています。

福島第一原発が放出した放射性物質はヒロシマ型原爆をはるかに超えるもので、食品流通の暫定基準値五〇〇ベクレル／kgという数字は、全面核戦争で餓死に追い込まれたときにやむをえず食べる基準なのですが、この戦争を超える災厄を、私たちは「平和」として生きなければならない。

私たちは「冷静」に「平和」を生きなければならない。「平和」を脅かす「パニック」を怖れているのは、政府だけではありません。市民もまたそうなのです。「良識ある市民」や「批判的知識人」はいま、放射性物質におびえる人々に対して、「冷静さ」を保つことを要求するのです。

これから数年間、日本列島では戦争と「平和」が交錯するでしょう。まず実体としての戦争状態があり、粗食と物不足、避難生活、避難民の受け容れ、そして思いがけない被曝労働に耐えなければならない。

戦争と同時に「平和」のスペクタクルが私たちを襲います。福島第一原発は「収束」し、問題はおおむね解消されたという気分が、少なくとも表面的には支配的になっていくでしょう。そして、戦争か「平和」かという状況認識のズレを心理的に合理化するような仕方で、戦争の模倣があらわれます。

戦争の模倣については、強く批判しておきたいと思います。

たとえば、被曝地帯となった福島県へボランティアに赴くとか、ボランティアを送り出すということは、まったく馬鹿げたことです。また、福島県の農産物を買って「食べて応援」というのもそうですし、小出裕章氏が唱える「老人が責任をとって食べる」というのも、まったく意味のない提起です。

小出裕章氏の間違った行動提起については、彼一人の問題ではないので、きちんと批判しておきたいと思います。

問題は三つあります。まず第一に、この行動提起は、問題を極端に個人化してしまっているということです。消費者が買うか買わないか、買いましょう、と言っているだけなのです。

ここでは、放射能汚染の全体が見落とされています。あらためて言うまでもないことですが、物流には起点と終点があり、起点とは生産者、終点とはごみと下水の処理です。消費者が何かを買うということは、起点での農業・水産業を可能にし、終点でのごみ・下水処理を要請します。放射性物質を含んだ食品を買うということは、それを生産するために消費者以上に被曝する人々がいて、被曝しながらの作業を継続させてしまうということです。

そして放射性物質を含んだ食品を食べる人々は、使わなかった野菜くずや食べた後に排泄する屎尿を、地域の公共施設に負担させます。ごみ焼却や下水処理といった作業の従事者は、福島から遠く離れた場所で思いがけない被曝労働を負わされてしまうことになる。そうした作業全体が「責任を引き受けるべき老人」によって担われているかというと、そうではありません。現場で働く若者たちは、小出氏らが勝手に引き受けようとしたもののために、望まない被曝労働を強いられるのです。

問題の第二は、小出氏らの提起が、公害問題の長期的性格をとらえていないということです。セシウム137の半減期は三〇年、セシウム134の半減期は二年ですから、三〇年後にはセシウム二種合計で約四分の一、六〇年後にようやく八分の一になるだろうという計算です。

これはセシウムだけを計算して、そうなのです。一〇年や二〇年では問題は終わらないのです。責任を痛感しているという小出氏たちは、あと何年生きて何年「引き受ける」つもりですかと冷やかしたくもなります。

私たちがこれから設計しなければならない汚染対策（そして公害闘争）は、一〇〇年を超える時間を射程にいれなくてはならない。「責任ある人々」が誰もいなくなったあとに、どのような対策が可能か、そのためにいま必要なことは何か、ということを考えなくてはならないのです。

問題の第三は、小出氏らの原子力政策に対する韜晦です。これは政治的な屈服と言ってもいい。一般に、小出氏らの行動提起は、「消費者エゴ」に対抗するものとして認識されているようです。しかし右に挙げた問題をみれば、この「老人が責任をとって食べる」という提起が、いかに利己的な自己保身にすぎないものであるか、わかると思います。

彼らの「決意表明」の内容をよく考えてみてください。彼の行動提起に従えば、私たちは汚染された食品を買うだけで、ただそれだけで、何か責任を引き受けたことになってしまうのです。こんなお手軽な「解決」があるでしょうか。こんなにお気楽な「責任意識」があるでしょうか。こんなことでなにか責任を果たしたことになるとは私は思いません。もっと積極的に、もっと矢面に立って、やるべきことがあるのです。

結果として、小出氏らの主観的な「決意」は、政府が号令する「食べて応援」を容認し、追随するものだと思います。それは原子力国家を論難しているように見えて、実質的には、原子力国家との対決を回避しているのです。

いま東北・関東の母親たちが子どもを連れて避難し、あるいは公園や学校を計測し、全国の親たちが学校給食を監視し、ごみ焼却場に問い合わせ、食品検査や土壌検査を独自に進めている、そうした実質的な戦争状態があるかたわらで、小出氏らはただなげやりに「食べるしかない」と言うのです。

彼がこの問題について矢面に立って闘うことはないでしょう。彼らはただ批判的ポーズをとるだけであって、偽の、口先だけの、戦争の模倣に興じているのです。

話を戻しますが、日本の「批判的知識人」の少なくない人々が、政府と変わらないやりかたで「冷静さ」を要求したことに、私はがっかりしています。ああ日本の「知識人」はしょせんこのレベルなのかと。

人間社会の秩序というものを、知らないというか、秩序に関する理解が非常に浅薄なのだと思います。被曝地帯から退避するとか、公園や学校を計測するとか、水道水を避けてペットボトルを買いこむ、食品検査を要求する、危険な産地のものは買わない、こうした動きを「パニック」だというのは、それは政府が言うことであって、本当はそういう次元でのパニックなどなにも起きていない。

放射性物質が拡散して、ドラッグストアの水が売り切れてしまったとか、東北産の野菜が売れないというのは、パニックなのではなくて、むしろ生活者の秩序が健全に保たれているからです。生活というのはそういうものです。昔から、それこそヒ素ミルク事件から食品添加物からアレルギー物質まで、ずっとそういうことをやってきた。それは混乱ではなくて、安定した秩序です。

家事・育児というのは、未知の領域に向かって日々更新されていて、定まったマニュアルなどない世界です。ずっと手探りです。条件は常に変化していて、そのためにシステムを常に書き換えていく、オートポイエティックなプロセスを含んでいる。

家事・育児は、変化のない安定的な領域に見えるけれども、実際にはそうではなくて、毎日毎日劇的に変化しています。

人間は歳をとって成長したり老化したりするわけですから、たとえば昨日まで寝返りしかできなかった子どもが、いきなり這いまわるようになる。そうなるとテーブルとか灰皿とかいろんなものの配置を変えなくてはいけない。あるいは、昨日まで元気に車を運転していた親が、ちょっとした段差でつまづいて骨折したりする。そういう出来事が予告なしに突然やってくる。というように条件は不断に変化していて、安定することがないのが、家事です。常に新しい課題に直面して、どうするべきかを考えていかなくてはならない。考えて、システムを書き換えていかなくてはならない。そうやって不断に更新されていくオートポイエティックなプロセスがなかったら、家事・育児・再生産の秩序というものは壊れてしまうんです。

秩序というものをどういう次元で見るか、秩序が健全であるか壊れているかを、どの次元で見ているかということです。いま政府や「知識人」がクールダウンさせようとしている人々は、実はなにも壊れていない。彼らは健全だし、この困難な状況に冷静に対処していると思います。

むしろ私が心配なのは、政府の食品検査を信じているとか、信じようとしている人々です。あるいは、汚染された作物をすすんで食べようという人々です。彼らは間違った政策のために、自分の生活とか尊厳とかを犠牲にして、適応を強いられているわけですから、非常に危険です。自尊心や自己愛や権利意識を喪失している状態です。とくに若者や女性や在日外国人は、この種の適応にさらされます。社会的に周辺化されている人々が、防衛機制を働かせて、国策に過剰適応してしまうということがある。

それは前例があって、戦時中の婦人会だとか、「ひめゆり部隊」のような悲劇が繰り返されることになる。国はそうした状態を「冷静に秩序が保たれている」と言うでしょうが、私に言わせれば秩序の破壊です。社会の秩序が壊されて、人間の秩序が壊れてしまっている。自己愛を失った人々は、政治的にはファシスト的な極右勢力を形成することになるでしょう。

私が小出裕章氏らの呼びかける自己犠牲的主張を批判しているのは、そういうことがあるからです。自己犠牲の精神はファシスト的心性を増長させて、若者や女性が命を削ることになる。若者や女性に犠牲を払わせて、自己犠牲を説いた人間は結局とんずらするんです。それがどれだけ反社会的な行為か、本人たちは自覚していないでしょうが、自己犠牲を美徳とするような主張は、非常に危険です。自分を大事にしないと公言する人間が偉そうに高説をたれる世界で、どれだけ人権が守られるかってことです。いま「知識人」が社会に向けて呼びかけるべきは、自己犠牲の精神ではなくて、徹底した自己愛です。

エコロジーとはなにか

原子力時代の戦争は、「全面的な核戦争」という恐怖を担保にし、そこで実際に起こるのはむしろ隠ぺいされる戦争であり、究極的には「見えない」低強度戦争という形態をとります。

いま数々の陰謀論が流行しているのは、現代の戦争が基調として不可視的性格を持っているからです。それは情報戦であり、印象をつくるキャンペーンであり、暴力への無関心を組織することです。

私は『原子力都市』でこう書きました。

かつて工業都市における情報管理は、嘘や秘密を局所的・一時的に利用するだけで充分だった。しかし、原子力都市における情報管理は、嘘と秘密を全域的・恒常的に利用する。嘘と秘密の大規模な利用は、人間と世界との関係そのものに作用し、感受性の衰弱＝無関心を蔓延させる。原子力都市においては、世界に対する関心は抑制され、無関心が美徳となる。能動的な態度は忌避され、受動的な態度が道徳となる。巨大なindifference（非差異＝無関心）が都市の新しい規則となるのだ。

これはギー・ドゥボールらシチュアシオニストが現代資本主義を捉えた方法に依拠して、それを私なりに言い換えたテーゼですが、こうした嘘と秘密、そして感受性の衰弱＝無関心という問題と共犯関係にあるのが、以下のようなエコロジー的な思想です。

今年の一月三日の『朝日新聞』に、『銃・病原菌・鉄』（草思社、二〇〇〇年）を書いたジャレド・ダイアモンドのインタビューが掲載されました。

その見出しを見て思わず自分の目を疑いました。

「温暖化の方が深刻　原発を手放すな」、と。

このようなメッセージを、彼はわざわざアメリカから日本に送っているのです。

そしてインタビュー記事で彼はこう言います。

「たとえ原子力の利用をやめたとしても、しばらくは化石燃料にたよらざるをえません。過去七〇年間、放射能で健康を損ねた人よりもはるかに多くの人々が、化石燃料を燃やすことによる大気汚染に苦しんできました」。そして、「原発事故や地震で、文明が続く可能性がそこなわれることはありませんが、二酸化炭素は現代文明の行く末を左右しかねない問題なの」だ、と。

私からすると、二酸化炭素よりも原子力がこの世界に与えたインパクトの方が、あきらかに「現代文明の行く末を左右しかねない問題」なのですが、それはひとまず置いておくとしても、こうしたダイアモンド的な「超」文明論的エコロジー思想の問題点は、彼が自らを「歴史地理学者」と呼ぶわりに、そこに不可欠なはずの社会科学的な視点を著しく欠落させてしまっている点にあります。

こうしたエコロジー思想への根本的な批判として――すでに何度か言及してきましたが――、フェリックス・ガタリの『三つのエコロジー』があるのです。

もう一度説明します。

エコロジーという言葉は一般には生態、もしくは自然環境を意味すると考えられていますが、ガタリが「三つのエコロジー」と言うときのエコロジーとは「環境のエコロジー」とともに、「社会的諸関係のエコロジー」と「人間的主観性のエコロジー」が加わります。

ガタリはこれらを統合する概念として「エコゾフィー」という造語を作ります。つまり、エコロジーを単なる自然環境の問題として考えるだけでは十分ではないということです。

ちなみに『三つのエコロジー』は、あきらかに一九八六年に起こったチェルノブイリ原発事故の衝撃を念頭に置いて書かれています。実際にこの本のなかにはチェルノブイリの話が出てきており、あの事故がガタリの概念形成に大きな影響を与えたのは間違いない。「三・一一」後の世界にいる私たちにとって、このガタリの概念はより重要性を増すでしょう。

ジャレド・ダイアモンドが主張するような、原発は二酸化炭素を減らすので環境にいいといった話は、これまでさかんに原発推進派が繰り返してきました。

ガタリの議論を踏まえたわれわれにとってこれは何を意味するのか。直截に言いましょう。つまり、本来「社会的諸関係」や「人間的主観性」のエコロジーの領域に投資すべきだった莫大な資金を、「自然環境の危機」を盾にし、『原子力都市』のテーゼで言えば「嘘と秘密」を押し通すためにつぎこみ、それによって「社会的諸関係」および「人間的主観性」（ここにはもちろん教育環境、言論環境、メディア環境なども含まれます）を萎縮させてきた、ということです。

繰り返しますが、エコロジーというときには、「環境のエコロジー」とともに、「社会的諸関係のエコロジー」と「人間的主観性のエコロジー」の領域すべてが交差する問題としてそれを捉える必要がある。ですから「二酸化炭素の増加によって人類の文明が崩壊の危機にある」といった言説の、そのきわめて統治実践的な側面を理解しておく必要があり、こうした言説に惑わされないためにも、「三つのエコロジー」の領域をつねに念頭に置いておく必要があるのです。

もっと突っ込んだ話もしておきましょう。

原子力技術が「社会的諸関係のエコロジー」と「人間的主観性のエコロジー」に与えるであろう影響に――これは私が「原子力都市」という問題を考えるきっかけになったエピソードでもありますが――、ロベルト・ユンクの『原子力帝国』（現代教養文庫、一九八九年）に出てくる、以下のような問題があります。

原子力施設では、通常の工場と同じように、簡単にストライキをおこなうことはできない。なぜなら、そこでは、一時間以上停止すれば重大な災害を招かずにはいない化学－物理反応がおこなわれているからである。たとえば、冷却装置が切られたり、あるいは、ある装置の運転能力をすこし落としただけでも、高レベルの汚染物質が放出され、工場全体、さらに環境までが危険にさらされることもありうるのである。

これが「社会的諸関係」と「人間的主観性」のエコロジーに与える影響はことのほか大きい。

ドゥルーズが一九九〇年代のはじめに管理社会についての文章を書きましたが、その管理社会の「始まり」にあたる問題が、まさにユンクが指摘するような、原発労働においてはストライキを打つことができない、ということなのです。

つまり「不断の管理」を強制される労働、労働者の権利が蒸発してしまうような労働が、原子力労働によってついに生まれ、現代の「社会的諸関係」と「人間的主観性」のエコロジーを決定づけたということです。

これはアガンベンなどが分析する「装置」という問題とも近いと思いますが、原子力の時代においては、この「不断の管理」というものが社会全体に広まっていきます。原子力発電の発明は、フォーディズムの時代の最後期に現れたわけですが、まさにポストフォーディズムの時代を準備したものと見なすことができる。あるいは規律訓練型の社会と管理型の社会を接続したものとしても考えられる。

実際、原子力発電所が世界中に建設されはじめた時期と、ポストフォーディズムと管理社会の出現、そして新自由主義的な政策および金融資本主義が席巻しはじめた時期はほぼ同じであり、それらが組み合わさるようなかたちで、いまの世界中の労働者たちの現状がある。

株価の下落を抑えるためには、企業は何が起こっても「何事もなかったかのように」活動し続けなければならないのであり、社員は自らの判断を下す機会を逸しつづけ、労働者としての集団化も積極的に忌避される……このような状況の母型として原発労働があると言っても過言ではないのです。

放射能被害と新たなる集団性

東北・関東には、いまでも決して看過できない量の放射性物質が降り注いでいます。われわれは、原子力の時代がもたらした管理社会において、さらに飛散した放射能までを管理し続けなければならない、という重荷を負うことになりました。これはしんどいと言えば相当しんどい事実です。

だからこそ、今後何十年、いや何百年と続く放射能管理を、原子力社会特有の「嘘と秘密」の論理で処理させてはならないのです。これはわれわれがいかなる新しい集団性を創造しうるかということにもかかっています。

私は福島のみならず、今後、関東の広い範囲で、放射能による大きな健康被害が明らかになるだろうと予測しています。政府をはじめ、一部の学者は、犯罪的としか言いようのないレベルで、放射能による健康被害を低く見積もり「安全」を嘯きますが、その程度で被害が抑えられるとは到底考えられない。

放射能の被害が現れるまでには時間がかかります。また人間身体への影響についても、はっきりとした因果関係が確立されていればいいですが、それもまだない。

そうすると水俣病のケースを見ても明らかなように、権力のあり方をかえなければ、因果関係の確立には至らず、恣意的な判断を権力の側にされてしまう可能性がきわめて高い。みんなガンばかりを恐れますが、放射能は免役力を低下させるわけですから、それ以外の病気もたくさん引き起こします。しかし、それらが放射能の影響だと認められることは少ないでしょう。生活習慣や生活態度、つまり食生活や運動不足やタバコのせいにされたり、「気の持ちよう」という話にされてしまう。

こういうことは、チェルノブイリ以降のベラルーシやウクライナがどうなったかを見れば一目瞭然なのですが、しかし、それも「統計」というごまかしによって、むしろ数値が事実の隠蔽に使われたりもする。

今後、日本でもベラルーシやウクライナのような事態が起こる可能性は高いでしょう。そして統計のトリックでは言いくるめがたい、あきらかにおかしな病気の傾向も出てくるはずです。一方でそれに対する新たな押さえ込みの方法も生まれてくるでしょう。

たとえば、いますでにＡＤＨＤ（注意欠陥・多動性障害）という病気が作られていますが、今後、実際には放射能の影響でそのような状態になったとしても、無理やりそこに分類されるといった可能性もある。

一方で、わが子の健康被害が明白に出てしまったとき、おそらく母親たちのは自分を責めることになる。水俣のときも自分を責めた母親がすごく多かった。本来は自分のせいではないにもかかわらず、自分が買って調理し、与えた魚がその子供を蝕んでいったわけですから。そうなるといてもたってもいられなくなるはずです。

政府や東京電力が統計のトリックを使って補償を回避していくなか、住民の多くは身体的にも精神的にも苦しみ、家族の不和などにも耐えなければならない。

そもそも、放射能による被害は平等的にではなく確率的に個々の身体を蝕み、実にさまざまなかたちの弊害を身体にもたらすという、まさに人々の集団化を阻止するような、新自由主義の統治と非常に親和性の高い性格をもっている。何度も言いますが、こうした面を権力は最大限に隠ぺいのために利用しようとするでしょう。これを阻止するためにいかに新たな集団性をつくれるか。

マスメディアも、いまはそれこそより放射能の問題を取り上げなければならないときに、どちらかというと原発問題の方を報道することが多い。私には、いまの日本はどんどん末期のソ連のようになっているように映ります。あるロシアの知識人が書いていましたが、末期のソ連は、ある種のスペクタクルの社会というか、街ではずっと食料が不足している状態なのに、新聞では「食料増産計画大成功」などと大本営発表をしていた。

誰もが嘘だと気づいているわけですが、新聞はそれに構わず嘘ばかりを並べ立てていた。ゴルバチョフがグラスノスチ（情報公開）をして、テレビの生中継で情報の嘘を開示させ、巨大な官僚制による嘘を暴いてみせたわけですが、日本も今後グラスノスチに近いことが起こらざるをえないだろうと思っています。それほど嘘が多い。

メディアという意味では、物を書くという意味で、私たちもメディアの端っこにいるわけで、当然当事者として考えなければならないことがある。たとえば知識人と呼ばれるような人間たちが今回、何ができて何ができなかったのか、これまで何をネグレクトしてきたのかを徹底的に捉えなおす必要があるでしょう。知識人であれば誰だってチェルノブイリの事故とその後の状況のことを知っていたはずなのです。

原子力国家の戦争は、「嘘と秘密」を利用します。もはや、わざわざ例示するまでもないでしょう。事故直後の対応に限っても、数々の嘘と隠ぺいが暴露されています。そしてこれからの実質的な核戦争状態のもとで、またくりかえし嘘と秘密が利用されます。嘘と秘密が暴露されてしまったときは、キャンペーンによって印象を操作します。

キャンペーンというのはこういうことです。例えばデパートの催事場で、福島産食品を販売するイベントが行われる。イベントですから、多くの人が買うわけです。その様子を見た人は、福島産食品が安全で、多くの市民に受け容れられているかのような印象を与えられる。もちろんこれは錯覚です。

イベントに集まる人々のすべてがサクラであるとは言いませんが、イベントを企画する側は事前から準備をしていて、それなりに人が集まってモノが売れている状態が成立するように段取りをしているのです。本当は、イベントに人が集まったことと福島産食品が市民に受け入れられていることとはまったく別のことなのですが、錯覚の効果によって、あたかも福島産食品がひろく一般に受け容れられているような印象をつくることができるのです。

これはほとんど催眠商法のような話ですが、この種のイベントは日常的に行われていて、そこにはおそらく「プロの国民」と呼ぶべき人々がいるのでしょう。警察官、教員、自衛官、医師や看護師など、国家で飯を食っている人たちは一定数いますから、こうしたイベントに動員される主婦もそれなりにいるのです。だからテレビなどで福島産を買い求める人々の姿を見たときは、ああ「プロ国民」が集まっているなあと割り引いて考えればよいのです。

嘘と秘密と印象操作が充満する中で、私たちが直面する問題は、社会学化しています。たとえば「原子力発電と経済」という疑わしい議論が出されたとき、私たちはごく自然に「その経済とは誰の経済のことですか」と反論するのです。

高い知性を備えた母親たちと父親たちは、原子力国家とそのスペクタクルをしっかりと対象化しました。人々の関心と無関心が作戦対象になってしまった戦争、社会学化した闘争を、正確に把握したのです。

ここで知性というのは、教育水準の問題ではありません。首都圏の都市住民が持つハビトゥス（身に付いた振るまい）のことです。じっさい政府にとって致命的であったのは、首都圏に放射性物質が降り注ぎ、都市住民を怒らせてしまったということです。

都市住民のハビトゥスとは、「ハビトゥスのないハビトゥス」、つまり、分業や性別分業に束縛されない、柔軟性、便宜主義、機会主義です。テレビや新聞がどんなに国民的号令をかけても、彼らはもう相手にしません。「専門家」の権威も信じていないし、性別に絡めた道徳的な非難中傷などまったく怖れません。それは、都市が教育し都市住民が獲得した、ハビトゥスであり知性なのです。

こうした人々が、これからの戦争状態のなかで主導的役割を果たす前衛になるでしょう。彼女・彼らは粛々と放射能を測定し、被害の実態を告発し、避難民となり、避難民と結合し集団化していくのです。

世界の原子力体制

アメリカ、フランス、日本、ロシア、中国、インド……。これらの原発に依存した国際システムに亀裂が入るということは、さきほど述べた原子力時代の「管理」にさまざまな「水漏れ」が起こり、それによって世界構造も変わるということです。ミクロ政治・マクロ政治と言い方がありますが、放射能拡散という問題はミクロどころか目に見えないものと格闘することを意味します。

さきほどから何度も述べているように、この拡散をまた「嘘と秘密」の管理にまかせてしまってはならない。住民による管理を「結合し集団化する」必要がある。片やマクロ政治の方は、世界を巻き込んだ原子力体制というものにいかに亀裂を入れるか、ということです。ある意味で放射能がカギを握っている。

われわれの手で放射能を測定し、管理をし続ける、ということは、日本人はつねに原子力体制という世界的な権力の存在に延々と「覚醒」し続けざるをえない状況を生きる、ということでもある。

それと同時にいま、日本国民は原発が停止しても電気はまかなえるということを知ってしまった。これも今後大きな認識の転換をもたらすはずです。つまり、現在日本にある五〇機以上の原発が象徴しているのは、電力や環境といったものではなく、支配構造の問題なんだということが明白になったからです。

いま計測運動や反原発運動をやっている人たちはそれに薄々気づいています。文部科学省が外部被曝の積算放射線量を年間二〇ミリシーベルトまで押しつけることがなぜなのかを多くの人は相当部分わかっている。それは住民への補償を先送りしたり、もみ消そうとしている意図と同時に、アメリカやフランスそして日本をはじめとする国際的な原子力体制のために、福島の子供に死んでくれ、と言っているに等しいということをみな理解し始めている。

いまわれわれは、非常に大きな超国家権力と対峙しているんだ、ということです。フランスは原子力大国ですから、フランス現代思想と呼ばれるものの背後に、原子力という問題が、どれほど大きなものとして存在していたのかをこれから考えなければいけません。

こうした問題を論じるうえで議論の下地となるのは、ここまで何度か批判してきた新自由主義政策の問題です。

新自由主義政策の専制的性格はどこからきたのか。なぜいつも「危機」が引き起こされ、「危機」が過大に評価され、「危機」をのりきるたびに銀行と金融システムが肥大していくのか。

これは国家の問題であるし、国家財政を私物化し金融の道具にしてきた「経済学」の問題でもあります。この剥き出しの、ほとんど火事場泥棒と言っていい、富の収奪（原始的蓄積）を可能にしているものは何か。

新自由主義の脅威をおそらくもっともはやくに指摘していたのは、フランスの社会学者アンリ・ルフェーブルです。ルフェーブルは、第二次大戦後の新しい都市政策のなかに新自由主義の兆候を読み取りました。

ルフェーブルの問題意識を継承したのが、そのあとに続くシチュアシオニストでありギー・ドゥボールです。このように、いわゆる「フランス現代思想」と原子力問題は、密接な関係があります。「フランス現代思想」が形成された六〇年代から八〇年代とは、冷戦＝核の時代であって、核の脅威のもとでドゥルーズ／ガタリが読まれ、「国家装置」や「管理社会」という概念が提起されているわけです。

ボードリヤールの『シミュラークルとシミュレーション』(法政大学出版局、二〇〇八年)もそうした文脈に置くことができます。私が「原子力都市」という概念を提起したのは、なにも奇をてらったことをしたかったのではなくて、大戦後のいくつかの思想を読み、愚直に考えた末に、出てきた視点なのです。

ガタリが七〇年代に「統合された世界資本主義」という論文を書き、それをネグリとハートが『〈帝国〉』(以文社、二〇〇三年)へと繋げたわけですが、ガタリが「統合された資本主義」を書いた時期と原発が世界に拡がりはじめた時期は同じです。ある意味で、その「統合」は原発によってなされたとも言える。世界資本主義の主要国家は原発で統合されている。それがのちに後進国にも広まった。原発を新たな植民地主義の象徴として捉えることも可能かもしれません。

ちなみに、フランスは原発を最終的には軍隊が管理しています。いや、日本のように企業のみが管理しているのは逆に稀なことなのです。このように、原発を考えることは、軍や警察、国家の暴力装置について考えることにもつながっていくわけです。

科学と魔術

近代の科学主義のなかから生まれた原子力というものが、一度技術としてできあがってしまうと、ときに科学的ではない、反-科学の様相を呈しはじめます。つまり、旧来的な科学というものの原則は、公開性であり追試可能性であり、誰がやっても同じ結果になる再現性ということなわけですが、原子力技術というのはそれをどんどん覆していったのです。密室的かつ錬金術的な世界へ退行していった。ときどき良心的な原子力技術の科学者が「科学的な」議論を投げかけても、たとえば原子力安全委員会委員長の斑目春樹のような人間がそれをことごとく突っぱねてきた。

さきほど母親たちの話をしたときに専門家の氾濫の問題を述べましたが、「専門家」というのは、ある種の「支配の言語構造」の形成に加担します。

法律の専門家もそうです。六法全書など、普通の文書とは到底馴染まない、非常に奇妙な文法を法律言語は使うわけですが、これも難解な構造により庶民を近づけないようにして「支配」を貫徹しているとも言えます。

もちろんこうした言語構造を作ることのすべてが悪だと言いたいわけではありません。しかし、科学言語がそうなってしまっては、近代科学の本来の約束事を捨て去ることになってしまうのです。

一方で、これは問題の両義性にもかかわる話なのですが、ポストフォーディズムの体制のなかでは、ある種の魔術的な労働というものが常態化するという側面があります。

パオロ・ヴィルノは『マルチチュードの文法』(月曜社、二〇〇四年)でポストフォーディズム的な労働(つまり非物質的労働)が「名人芸」に近づいていくと指摘しました。これまでのフォーディズムの労働においては、誰がやっても同じ結果を生むということをあてにできたのですが、ポストフォーディズム的な労働においては、それが覆される。個々人それぞれのオリジナリティが全面化するわけです。

実はいま私がやっている放射線測定においてもこうした問題はでてきます。さきほども少しお話しましたが、国が発表する放射線量の計測方法に欠陥がある一方で、民間の計測においても当然、サンプル採集の方法は標準化できていないわけです。

食品計測においても、たとえばじゃがいもの皮を剥いて測りますと言っても、皮の剥き方の厚みで数値が変わる。こうした作業の一つ一つを厳密に見ていくと、とてもフォーディズムのような標準化はできません。

また放射性物質の拡散というものも一様に拡がっていくわけではありません。それは線形にグラデーションを作るわけではなく、すぐ隣の場所の線量が高かったり低かったり、まだらなモザイク状態を作ります。それは地形や、雨雲を通る道のなかで雨が降るタイミングなんかによっても大きく変わる。

何度も言うように、放射能の計測とは、こういったさまざまな要素が絡む「複雑系」の世界で、その危険性は、旧来的な科学で対象を一様に表現するということができない世界です。

しかし、ある意味では、近代科学自体がフィクションだったとも言えなくもない。とりとめもなく複雑で一様ではない世界、つまり放射能が拡散した世界に住むということは、手探りで自分たちの方法を探していくことを求められる、ということでもある。

さきほど、いま私たちが取り組んでいる放射線計測の困難さの話をしましたが、これには放射線測定器のメーカーも困っている。放射性物質があるのかないのか分からない土や野菜なんかをギリギリまで測られると、天然の放射性物質、たとえばラジウムとか鉛という物質が検出されてしまって、なにをどうコンピュータに計算させればよいのか、非常に難しい世界が生じつつある。

計測作業をはじめたときは、私は科学に取り組むつもりで空間線量を測りはじめたんです。しかし、友人でフランス文学研究者の白石嘉治さんは、そういう私のことをさして「魔術的」と言ったんです。とても心外で、私は怒ったんですが、しかし、いま思えば、これはとても正確な指摘だったんだと思います。測定作業をやればやるほど、自分は科学的というよりも魔術的なことをしているのではないか、という気分になってくるのです。

たとえば、食品の放射能を計測したあとには、サンプルの容器や包丁やまな板を洗って、キッチンペーパーで水をふきとる。作業台や機械の周辺の床も、湿らせたキッチンペーパーを使って汚れを拭きとっていくわけですが、いかんせん相手にしているモノは原子なわけですから、そこにあるのかどうかもわからない物質を相手にしながら、長い時間をかけて床を拭いているということになります。

こういうことを続けていると、ガタリが言うところの「主観性のエコロジー」が大きく変動していくというか、主観性の領域が異常に拡大するのです。ある意味でわれわれは、ほとんど妄想と変わりのない世界に足を踏み入れたのではないか、と思えてくるのです。これは否定的な意味で言っているのではありません。この主観性の拡張は、自分のなかの何かが解放されていく感覚としてある。

放射線医学というのは、いまだ「学」とは言えないような未熟な分野です。いま医者が話している知見というのは、非常に断片的な、限られた知見しかない。まだほとんどのことがわかっていないんです。正確に言うと、放射線医学がないだけではなくて、放射線衛生学というものがない。

それはまあ当然で、これまで放射性物質というのは密封して管理されていることが絶対の前提だったわけですから、こんなに日常的に一〇〇ベクレルとか一〇〇〇ベクレルといった数値を出す放射性物質がごろごろと転がっているという環境はなかった。だから放射性物質に対応した公衆衛生学というものは存在しない。これは非常におもしろいことです。いや、おもしろいことではないんですが……。

ちょっと想像してみてほしいんですが、細菌の存在が解明されていない時代、あるいは、細菌の存在がひろく一般に周知されていなかった時代を考えてみてください。

人がなぜ病気になるのかわからなかった時代。放射線公衆衛生学に関して、いま私たちはその段階にいるのです。私たちのような実践が魔術的な様相を帯びるのはある意味あたりまえなことで、いま私たちは、魔術と科学が混然としていた時代にひきもどされているわけです。

私は以前このことを、バーバラ・エーレンライクを引用して指摘しました。バーバラ・エーレンライクという人は、近代医療の形成を研究したフェミニストです。彼女は一九世紀のアメリカの公衆衛生運動について書いています。ちょっと長いですが引用します。

フェミニスト研究者は公衆衛生運動についてもっと多くの発見をしなければならない。今日の女性運動の見方では、これは多分女性参政権運動よりも関係が深い。運動に関して、われわれが最も興味を引かれる部分は、(1)それが階級闘争とフェミニスト闘争を代表していたこと。今日、ある方面では、フェミニスト問題を単に中産階級の関心事であるとして片付けることが流行しているが、公衆衛生運動には、フェミニストと労働階級のエネルギーの合流が見られる。これは公衆衛生運動が当然あらゆる種類の反対者を引き付けたためだろうか？　あるいはより深いところで目的が一致していたためだろうか？

（2）公衆衛生運動は単によりよい医療を求める運動ではなく、根本的に異質の健康管理を求める運動である。それは当時支配的だった医学上の定説、技術、理論に対する実質的な挑戦だった。今日われわれは医療の組織化の面に批評を限定したり、医学の科学的基盤は論争の余地がないと仮定しがちである。われわれも医療という「科学」を批評的に研究する能力を養わなければならない――少なくともそれが女性とかかわりがあるかぎりは。

（『魔女・産婆・看護婦――女性医療家の歴史』　B・エーレンライク／D・イングリシュ著　長瀬久子訳）

これは近代の公衆衛生運動について書いているものですが、医学という分野は、近代にいたってもなお形の定まらない科学だった。それは他の分野と比べてはるかに論争的で、抗争の焦点になっていたということです。エーレンライクは、この医学の抗争の問題を中世に遡って、魔女狩りの問題と絡めて書いています。

医療の歴史には、中世から現代までつづく、二つの系譜があるのです。科学と魔術。「正当な」医師＝宮廷医と、「無資格」の医師＝魔女です。

中世の宮廷医は、古代ギリシャの医学を導入します。それは万物の原理と宇宙論にもとづく当時の科学です。彼らは統一的で一般的な理論を探求します。彼らはまず理論的な仮説を立てて、現実の臨床に適用していきます。

ところが魔女はそうではない。魔女はまず臨床の実践から始めます。魔女にとって重要なのは、ある固有の臨床現場で、ある固有の人の病や苦しみをどう解決していくかです。宮廷医は大きな理論を打ち立てていきますが、魔女は大きな理論ではなくて、小さな臨床的な知恵を集積していくのです。問題にアプローチするやりかたが、まったく違っているんです。

今後、放射線被曝をめぐる医学は、科学と魔術、宮廷医の系譜と魔女の系譜とのあいだで、激しく揺れ動いていく、そういう抗争の場になるでしょう。

私の祖母というのは、もうずいぶん前に亡くなりましたが、民間療法に詳しい人でした。その辺に生えている雑草をむしってきて、すりつぶしたり煎じたりするような人で、よくわからない健康食品を買ってきたり、自己流の健康体操を毎日やったりしていました。

祖母について記憶しているのは、民間療法にはまっている人という印象なんですが、祖父が肺ガンで入院していたときは、もう病室にいろんなものを持ち込んでいました。ガンで衰弱した祖父に、なにか煎じたモノを飲ませたり、マッサージをしたりしていて、それは末期ガンの祖父にとって、ほとんど意味のないことを毎日やっていたんだと思うんです。当時小学生だった私から見ても、とても合理的でない、おまじないのようなものだった。非合理的だと思いました。祖母は民間療法とまじないに囚われた非合理的な人間だ、と。

しかし、大人になってから、それは違うんだということがだんだんわかってきた。祖母がやっていたことは、結果としては効果がなかったかもしれないけれども、アプローチの方向としては正しかったんじゃないか、と。

そもそも末期ガンというのは医者だってたいした治療はできないわけで、せいぜい臓器を切除して時間を稼ぐことしかできないわけです。そこで祖母がやっていたまじないのような方法が、それだけが間違いだと断じるのは、どうもフェアじゃない。

祖母の行動は、アプローチの仕方として間違いではなくて、それはおまじないのような魔術的な見え方をするんだけれども、そのやり方、問題を取り扱う際の姿勢のとりかたというのは、ひとつの科学的態度だったのではないか。祖母の家は貧しくて小学校すら最後まで通えなかったので、数字とカタカナしか読めない人だったんですが、そういう人間だからこそ、ある合理性をもった、ごまかしのない方法をとったのではないか、と。

科学というものを考えれば考えるほど、科学と魔術をすっきりとわけることができなくなってくるんです。民間療法は非科学的で非合理的でという見方は、それは科学というものの全体を見ていないから、そういう短絡をしてしまうんです。科学ということをきちんと整理して考えれば、そういう話にはならない。

話を戻すと、「三・一一」後というのは、魔術と科学とが混然とする状況が生まれるわけです。

そこで私たちは、科学的であると同時に魔術的でもあるような実践に入っていきます。人々が切実に求めているのは、小さな臨床的な知恵です。とくに婦人科や小児科はそうです。髪の毛をばっさり切ったら体調が少し良くなった、とか、本当にそれが意味があるのかどうかわからないような、非常に繊細な話です。髪を切るのはもちろん意味があるんですけど、もっと微妙な、それは気休めなんじゃないかというぐらい微細なところに、われわれは入っていくわけです。そうなるともう「おまじない」と言われても反論できないような次元です。

宮廷医の一般的・統一的な大きな理論の側から、そういう繊細な実践を批判するというのは、簡単なことです。一ベクレルや二ベクレルぐらいじゃ死なないよ、と言うのは、とても簡単なことです。それは一見すると、魔術的な迷信に対して、科学的な態度を示しているように見えるかもしれない。しかしそれは間違いです。

実際には、魔術的な実践を迷信だと断じて放棄してしまったときに、科学的な態度もろとも放棄してしまっているのです。魔術的実践のすべてを忌避するという態度は、実は、魔術的な迷妄を無批判に受け容れることと同じなのです。ちょっと難しい言い方ですけど。どう言いいましょうか。

宮廷医は、自分が正当な科学者であると自認していました。そして、魔女たちがもっていたハーブや薬学の知識を排除して、患者に水銀を飲ませることをした。そういうことを繰り返してはいけない。魔術的なものを退けることが、科学的な態度だという考えは、間違いなんです。誰かを非科学的だと論難すれば、自分が科学の側にたてると思うは、それ自体が迷信なのです。

いま科学に忠実に、科学的であろうとする人は、積極的に、魔術のなかに入っていくはずです。魔術を忌避するのではなくて、魔術的実践のなかで、さまざまな知見を蓄積していく、それが「三・一二」後の科学なんです。科学であり、魔術です。必要なのは魔女を怖れることではなくて、魔女になることです。

今後、世界といかに接していくか

社会思想史家の酒井隆史さんが、「三・一二」事件に対する人々の隠された願望について「騙された、というよりはずっと騙されていたかった」というのが本音ではないか、と言っていましたが、これも他方におけるいまの支配的な気分を見事に言い現していると思います。

いま日本は、先進諸国のなかでは、もっとも自殺率の高い国のひとつです（自殺率にも「統計」のトリックがあり、実際には日本の自殺率は世界一位だという説もあります）。いま、日本以上に、世界でもっとも自殺率の高い国のベスト3は、ベラルーシ、リトアニア、ロシアです。この三国の共通点とはなにか。言うまでもなく、それはチェルノブイリの被害をもっとも大きく受けた国々、つまり放射能による汚染を被った国々です。日本は、ただでさえ先進諸国のなかで自殺率が圧倒的に高い国なわけですが、今後、さらに放射能汚染がこの社会に亀裂を走らせ、自殺率を上乗せしてしまうということも容易に予想できます。

ですから、この本ですでに何度も述べているように、今後フェリックス・ガタリの言う、「環境（自然）」だけではない「社会的諸関係」と「人間的主観性」のエコロジーの領域での熾烈な闘いがはじまるのです。

こうした争いのなかでは、いま論じてきたように、われわれは「魔術」的な様相を帯びるような闘いにもコミットしなくてはならない。そして、それは単なる絶望としてではなく、精神＝主観性を再活性化する契機として、肯定的に捉える必要がある。

いま、東京では放射能のことを話題にすらできない雰囲気が生まれはじめている、という話を聞きます。酒井隆史さんの言葉で言えば、いまだに「騙されていたい」という人がいると言うことでしょう。

このような、「社会（的諸関係）」と「精神（＝人間的主観性）」のエコロジーの流れを遮断させるような場所では、間違いなく鬱病が増えます。ですから、単なる環境だけではない「社会」と「精神」のエコロジーまでを含めた思考および実践がいま何よりも必要なのです。

もっと言えば、東北・関東からの「国内難民」は、ある種の明るさをもっていると言います。安全な場所に身をおいているという安心感もあるでしょうが、なによりも彼ら彼女らは、すべてが「嘘」だということを、ある種の解放感のもとで認識し、なにか別の新しい世界に目を向けることができているのです。

一方で、こういうことも考えられます。「三・一一」以後、「数字」による証明の位相に変化が起こりはじめています。これまでであれば、行政の側が「統計」という名目（トリック）を最大限利用するかたちで数字を次々に提示し、その数字の「専門性」において民間からの問題提起を煙に巻くという手法が主流でした。

しかし、いま起きているのはそれと逆のことです。下から提示される放射線量などの数字に対して、権力側が「いや、その数字には解釈の仕方がいろいろあって……」と、これまでならありえなかったような態度を取るわけです。

今後彼らはそれこそ、魔術というか妄言と何も変わらない「言い逃れ」をしようとするでしょう。それに対して、私たちはあえて数値を持ち出して、闘っていくことになります。私もいままでこれほどまでに「数字」を闘いの道具として積極的に使った経験はありません。自身のブログなどでも、シーベルトの数値だけをえんえんとひたすら書き込むだけの日もあります。「三・一一」以後は、自ら計測器を使い、ひたすら数字を訴える活動をしていると言ってもいい。

この闘いは行政側のごまかし＝魔術に対する、市民の側からの数字＝科学の闘いである、という側面を指摘できると思います。しかし、さきほどから述べているように、われわれがこれから扱うのは、たんなる「科学」ではなくて、科学と魔術は何がどう違うのかをラディカルに問うような科学／魔術になる。

権力側が魔術的な「ごまかし」を今後武器として用いてくるなかで、私たちは

「魔術の唯物論」というような態度をもって闘う必要があるということです。

ここまで、「土台」と「上部構造」の話をしました、「計測」と「主観性」の話もしました、「魔術」と「科学」の話をしました、それらをもういちど混然とさせてちゃんと考え直していく唯物論です。

都市の「物質感」、つまり「嘘や秘密」の政治によって作られた「われわれの力を奪うような」都市と、「われわれに力を与える」都市。この両者へ身体的な感覚を研ぎ澄ましつつ「魔術の唯物論」をやっていくことです。

おそらく今後、放射能の健康被害を和らげるという名目の「民間療法」的なものもさまざまなものが出てくるでしょう。味噌や納豆などの、発酵食品を食べるのが放射能の健康被害にはよいと言われていますね。

今後は、それこそ魔術と変わりがないようなおまじないも出てくるでしょうし、詐欺事件なども起こるかもしれません。しかし、こうした動きをいちいち叩く意味はありません。科学的な行政のアドバイザーが「病は気から」と言いはなつ時代です。私たちはこのような魔術的なものが再活性する百家争鳴の時代を生き始めたわけです。

あとがき

このロングインタビューは、二〇一一年の暮れと一二年の初め、二日間にわたって行われました。インタビュアーとなってくださった杉村昌昭氏は、フェリックス・ガタリやアントニオ・ネグリの翻訳・紹介で知られる人です。インタビューの収録は大阪府池田市にある杉村氏の事務所で行われました。

あの爆発の日から一〇ヶ月間、私は休みなく動いてきました。いろんな街に行きました。東京、埼玉、千葉、茨城、群馬、神奈川、富山、福井、岐阜、愛知、三重、滋賀、京都、大阪。電車や高速バスにどれだけ乗ったのか数えきれません。これまでに扱ったことのない機器を扱い、電卓に数字をうちこみ表に書きこみました。マスクやポリ手袋をたくさん消費しながら、目に見えない原子の粒に追われ、追いかけてきました。

そしてつねに、考えることが強いられました。こんなに長い期間休みなく考えたことはありません。私はいろんなことを考えて考えて、頭がはちきれそうになっていたのです。

では君が考えた内容を全部あらいざらい語って本にしたらええ、と、背中を押してくれたのは杉村氏でした。二〇一一年の暮れです。彼は放射能拡散問題に強い関心をもったのでしょうか。違います。杉村氏は大阪在住ということもあり、放射能については比較的無頓着で、私から見ると強い危機感をもっているようには見えない。基本的な知識もそれほどありません。いまでも不思議なことですが、この放射能拡散問題について、思う存分話せばいいと言ってくれたのは、その杉村氏だったのです。

彼が私の理解者であるということはたぶんなくて、彼にとって同意できない内容や理解できない内容も山ほどあるでしょう。それははじめからわかっていました。お互いにそのことはわかっていた。しかし、そういう認識の違いや温度差をわかっていながら、彼は立派なワインとチーズを用意して私を大阪に招いてくれたのです。

そして二日間にわたって、じっと私の話を聞き続けたのです。
　こういう不思議なことがあります。

　私たちはいま長い彷徨と強烈な孤立感のなかで格闘しています。しかしこの世界は、ふいに私たちの意表を突くかたちで寛容さをみせることがある。うまく説明のつかない歓待をうけることがある。たぶんきまぐれなのでしょう。そしてこのきまぐれのように人間を襲う歓待もまた、ひとつの「神の暴力」なのかもしれません。杉村昌昭氏に感謝します。

　そして最後に、この本を形にしてくれた以文社のみなさんへ。
　これまで私の担当をしてくれた編集者の前瀬宗祐くんは、動物的な嗅覚をもつ優秀な編集者です。一〇年後の思想シーンをつくるのは、彼のような若き編集者です。しかし、いま私が当惑し危惧してもいるのは、前瀬くんに会うごとに顔が老けこんで白髪が増えていくことです。私はいたたまれない気分になります。被曝地帯となった東京は、未来を担う才能を急速に衰弱させているのです。

そこで私から社長にお願いしたいのは、彼をクビにしてください、ということです。彼は自分では決断できなくて迷っているのでしょうが、本当は放射能による健康被害を怖れているし、疲れを自覚してもいるのです。彼は広島の実家に帰って、しばらくブラブラすればいい。それでダメになる人間ではない。大丈夫です。

本をつくってもらった出版社に、担当編集者をクビにしてほしいというのは前代未聞のことだと思いますが、私ももう自分が何を書いてるのかわからないところでこういう無理なお願いをしているのです。もしいま彼を手放すわけにはいかないというのなら、関西に以文社の分室をつくってやってください。よろしくご検討くださいますようお願いいたします。

二〇一二年二月一七日

矢部 史郎

著者紹介

矢部史郎
（やぶ しろう）

1971年生まれ.
90年代からさまざまな名義で文章を発表し,
社会運動の新たな思潮を形成した一人.
人文・社会科学の分野でも異彩を放つ思想家.
著書に,
『原子力都市』（以文社),
『愛と暴力の現代思想』（青土社，山の手緑との共著),
『無産大衆神髄』（河出書房新社，同),
編著に『VOL lexicon』（以文社）がある.

3・12の思想

2012年3月12日　　初版第1刷発行

著　者　矢部史郎
装　幀　川邉雄（RLL）
発行者　勝股光政
発行所　以文社

〒101-0051　東京都千代田区神田神保町2-7
TEL 03-6272-6537
FAX 03-6272-6538
印刷・製本：シナノ書籍印刷

ISBN978-4-7531-0300-3